Convergenze

a cura di
G. Anzellotti, L. Giacardi, B. Lazzari

Gabriele Lolli

Guida alla teoria degli insiemi

 Springer

GABRIELE LOLLI
Dipartimento di Matematica
Università degli studi di Torino

ISBN 978-88-470-0768-0
e-ISBN 978-88-470-0769-7

Springer fa parte di Springer Science+Business Media
springer.com
© Springer-Verlag Italia 2008

Progetto grafico della copertina: Valentina Greco, Milano
Fotocomposizione e impaginazione: LE-TEX Jelonek, Schmidt & Vöckler GbR, Leipzig, Germania
Stampa: Grafiche Porpora, Segrate, Milano

Stampato in Italia

Springer-Verlag Italia Srl, Via Decembrio 28, I-20137 Milano

Prefazione

L'insegnante si trova in genere in difficoltà a proposito degli argomenti di teoria degli insiemi, dello spazio e dell'enfasi da dare loro nella propria preparazione e nel proprio lavoro, per un semplice motivo, che all'università molto difficilmente gli, o le, sono state chiarite le idee ed è stata fornita una preparazione di base adeguata. Di fronte alle riforme prima imposte poi ritirate, il docente dovrebbe decidere con la sua testa cosa fare, ma mancano le conoscenze necessarie, e soprattutto la sensibilità per il ruolo che gli argomenti di teoria degli insiemi dovrebbero o potrebbero svolgere.

Un sintomo delle incertezze dominanti sta nella terminologia stessa, che talvolta si riferisce alla "teoria degli insiemi" e altre volte a una non ben specificata "insiemistica", senza che ci sia chiarezza sulla differenza e sugli eventuali motivi della distinzione. Con "insiemistica" sembra si voglia alludere a un complesso di argomenti non governati da una teoria e senza un obiettivo caratterizzante[1], un dominio di conoscenze dai confini incerti, quasi non si trattasse di una teoria definita. Ma cosa si intende con "insiemistica"?

Nell'insiemistica rientrano in genere due temi: il primo riguarda le operazioni booleane di unione, intersezione e complemento, tra i sottoinsiemi di un universo fissato. Ma le proprietà di queste operazioni non sono altro che le proprietà dei connettivi logici, disgiunzione, congiunzione e negazione. Con questa osservazione non si vuole suggerire che oltre alla teoria degli insiemi si debba anche studiare la logica proposizionale delle tavole di verità – con le quali purtroppo si identifica la logica – ma semplicemente ricordare che basta saper parlare bene, con proprietà, per padroneggiare le particelle logiche e quindi le relazioni booleane tra insiemi. Sarebbe meglio dedicarsi alla cura della lingua. Dopo una sufficiente esperienza di uso naturale e non enfatizzato, si può eventualmente osservare che si è imparata, o che conviene imparare una parola nuova.

---

[1] L'aggettivo "insiemistico" è invece usato regolarmente col significato di "in termini di insiemi", o "nell'ambito della teoria degli insiemi", e simili.

Le difficoltà, se ci sono, sono difficoltà di rappresentazione: *vedere* insiemi sulla pluralità di oggetti che ci circondano. La *new math* è crollata sul singoletto, e giustamente: distinguere un oggetto x dall'insieme $\{x\}$ il cui unico elemento è x è qualcosa che ha senso solo nel mondo dei concetti, non in quello dell'esperienza; è imposto da ragioni superiori, non è la base su cui poggiare quelle ragioni. Non parliamo della differenza tra l'insieme vuoto $\emptyset$ e $\{\emptyset\}$, un insieme che non è vuoto ma che contiene solo il vuoto[2]. Lo stesso ostacolo per i non matematici, e per i principianti, sta nel concepire o vedere l'insieme $\mathscr{P}(x)$ dei sottoinsiemi di un insieme x, che non esiste in natura neanche se x è concreto, e prima ancora due insiemi non disgiunti, che non si possono fisicamente isolare.

L'altro contenuto dell'insiemistica comprende la definizione di funzione, con i necessari preliminari, che iniziano dalle coppie ordinate, dal prodotto cartesiano e dalle relazioni. Quindi vengono le diverse definizioni relative alle funzioni, come immagine e controimmagine, restrizione, iniettività, suriettività ecc.

Ma questo è linguaggio, dove è la teoria?

Inoltre è un linguaggio estremamente estrinseco e preliminare, come imparare a denotare vertici, spigoli e facce quando si parla di poliedri. Un livello matematico superiore nel quale interviene il linguaggio insiemistico è quello dell'algebra, intesa come teoria delle strutture. Anche in questo caso tuttavia la presenza del linguaggio insiemistico è ancillare; delle strutture interessano infatti le proprietà algebriche, o topologiche, *matematiche* insomma[3]. Come se la teoria degli insiemi non fosse matematica. Questa idea si rafforza *ab absentia*, per la congiura del silenzio. Nella *vulgata* la teoria degli insiemi avrebbe un carattere elementare e propedeutico, e perciò stesso povero di applicazioni.

Il problema non riguarda solo l'insegnante, pure il matematico medio che fa ricerca si trova in stato di ignoranza rispetto al contenuto e al valore degli argomenti di teoria degli insiemi. Si può tranquillamente affermare, sulla base di molta esperienza, che i matematici non sanno cosa è la teoria degli insiemi.

D'altra parte la disciplina non è presente nei normali curricula e l'ignoranza è inevitabile, anzi programmata. La preparazione universitaria di chi fa ricerca non è molto diversa da quella degli insegnanti, a parte l'approfondimento degli argomenti verso i quali si orienta il lavoro di tesi nell'indirizzo scelto. La strutturazione attuale dei piani di studio perpetua la trasmissione di diverse lacune; nel caso della teoria degli insiemi questa circostanza dipende da una reale difficoltà, tecnica ma con intrecci politici, perché la teoria è una teoria un po' speciale, e diversa dalle altre: non è possibile studiarla a fondo e padroneggiarla senza usare alcuni strumenti e concetti della lo-

---

[2] Quale dei due potrebbe essere un "vuoto a rendere"?

[3] Solo quando, raramente, si prende in considerazione la cardinalità, di strutture e loro sottoinsiemi, occorre finalmente un po' di teoria degli insiemi. Oppure quando si vogliono studiare sottoinsiemi definibili, ma qui andiamo nel difficile.

gica matematica. La mancanza di una intuizione collaudata richiede che ci si appoggi in modo più sostanziale che per altri argomenti sulle definizioni e in generale sul linguaggio, che è la cosa più concreta a disposizione. Questo peraltro è uno degli aspetti interessanti del suo insegnamento, anche pre-universitario: l'opportunità di introdurre al pensiero astratto e alla capacità di formalizzazione. Si tratterebbe comunque di concetti molto elementari e, questi sì, propedeutici a tutta la matematica: la distinzione tra il linguaggio in cui si parla e ciò di cui si parla, la considerazione dei termini e delle formule come oggetti reali separati dalla loro denotazioni, la possibilità di ragionare matematicamente a entrambi i livelli.

Lo studio della logica tuttavia è quasi ovunque bandito dal filone principale dei curricula matematici, con diverse conseguenze negative, una delle quali riguarda proprio la comprensione corretta della teoria degli insiemi.

Le presentazioni di una teoria ingenua, o informale (*naive set theory*) sono infide, perché inevitabilmente selettive negli argomenti che riescono a coprire, per quanto possano essere ben meditate. Non si vede perché debba esistere una teoria degli insiemi naive e non un'algebra naive o una analisi naive. *Naive Set Theory* è il titolo infelice e ambiguo di un fortunato e bel libro di Paul Halmos[4]. Il libro è dedicato alla teoria assiomatica degli insiemi, ma non formalizzata. Halmos avrebbe preteso che il suo termine *naive* fosse chiaro e di senso univoco, o individuasse un nuovo stile, come mostra il suo apprezzamento per il fatto che la traduzione tedesca conserva nel titolo l'aggettivo come neologismo, ma così non è. In altri settori, come la fisica naive, il termine denota una impostazione non educata, diversa da quella scientifica. Non pare sia questa l'intenzione di Halmos: "naive" significa per lui soltanto che, come per ogni teoria non formalizzata, non viene descritta, né usata, ma neanche studiata, la sintassi del linguaggio[5].

La prima difficoltà che si frappone a una conoscenza e valutazione corretta della teoria degli insiemi, cioè l'idea imprecisa di un'insiemistica, è di tipo minimalista, considera gli insiemi solo un linguaggio, o una grammatica, come diceva Bourbaki.

Una seconda difficoltà, questa invece massimalista, dipende dalla circostanza che tale teoria ha un ruolo fondazionale; si presenta come una teoria entro la quale si può svolgere, volendo, tutta la matematica, con una appropriata definizione di tutti gli enti classici.

---

[4] P. R. Halmos, *Naive Set Theory*, Van Nostrand, New York, 1960; trad. it. *Teoria elementare degli insiemi*, Feltrinelli, Milano, 1970.

[5] Ad esempio non si sottilizza sul fatto che $\in$ è un *simbolo* di relazione e non una relazione (*insieme* di coppie), sicché non si può parlare di una struttura $\langle x, \in \rangle$, dove x è un insieme; è come mettere nella stessa pentola la carne e un sacchetto del supermercato, un errore di tipo. Si deve invece definire la restrizione $\in \restriction x^2 = \{\langle u, v \rangle : u, v \in x, u \in v\}$, che è una relazione costruita con $\in$, e considerare $\langle x, \in \restriction x^2 \rangle$. Minuzie formalistiche, ma andando avanti con le omissioni non si riesce a spiegare cosa è un modello della teoria degli insiemi.

Si chiama "riduzionismo" la posizione filosofica che identifica la fondazione della matematica con la realizzazione di una soluzione di questo tipo. La teoria degli insiemi è considerata l'erede dei sistemi come quelli di Gottlob Frege (1848–1925) e di Bertrand Russell (1872–1970), che ambivano a una fondazione *logica* della matematica. Questi tentativi sono considerati falliti, nella loro ambizione di definire tutti gli enti matematici solo in termini logici, dimostrandone anche l'esistenza logica[6]. La teoria degli insiemi sarebbe allora per i filosofi un ripiego con meno pretese, ma pur sufficiente per le esigenze dei matematici, in quanto si accontenterebbe di postulare quello che serve per le loro costruzioni, troncando la ricerca all'indietro delle giustificazioni.

Le discussioni sullo stato della teoria degli insiemi come proposta fondazionale non sono esaurite. Ma quest'aura filosofica non ne facilita la fruizione didattica, vuoi per le riserve di chi la considera fuori dalla matematica, vuoi per la preoccupazione di chi la considera troppo difficile, comunque lontana dai problemi dell'insegnamento – sincera o pelosa che sia questa ritrosaggine.

Eppure esiste una teoria degli insiemi, con un contenuto matematico ben definito, e con origini e motivazioni che risalgono a esigenze intrinseche allo sviluppo della matematica.

Se si volesse riassumere in una parola il campo della teoria si potrebbe dire che è lo studio (matematico) dell'infinito. Il che comporta – non ci si lasci turbare dalla grandezza del tema – che per complemento sia anche lo studio del finito. Dal che discende un interesse specifico non solo culturale degli insegnanti per il contenuto di questa teoria.

Continuiamo a menzionare in particolare gli insegnanti, tra i laureati in matematica, perché sono quelli più abbandonati a sé stessi. Ma si potrebbe dire che il contenuto che viene proposto in questo libro rappresenta quello che dovrebbe conoscere non un matematico attivo – che dovrebbe conoscere molto di più – ma un laureato in matematica; o piuttosto quello che dovrebbe ricordare dai suoi studi universitari.

Non si può certo avere la pretesa di porre rimedio alla situazione con alcune lezioni. L'esposizione che segue si propone come un aiuto a chi individualmente voglia colmare una grave lacuna della sua cultura. Naturalmente per imparare qualsiasi argomento bisogna studiare, in modo sistematico, svolgendo le dimostrazioni e risolvendo gli esercizi. I libri di testo e i corsi dedicati servono a questo scopo. Le presenti lezioni sono solo una guida per orientarsi nello studio individuale e non sostituiscono un manuale istituzionale[7]. Tanto

---

[6] Russell ha a lungo cercato di dimostrare l'esistenza dell'infinito. Dedekind era convinto di averlo fatto.

[7] Un libro di primo livello non molto impegnativo è G. Lolli, *Dagli insiemi ai numeri*, Bollati Boringhieri, Torino, 1994. Altrimenti in inglese la scelta è ampia, segnaliamo: H. B. Enderton, *Elements of Set Theory*, Academic Press, London, 1977, o Y. N. Moschovakis, *Notes on Set Theory*, Springer, New York, 1994. Per la ricca e intelligente scelta di esercizi consigliamo A. Shen e N. K. Vereshchagin, *Basic Set Theory*, Student Mathematical Library, vol. 17, AMS, Providence R. I., 2002.

meno costituiscono una risposta alla difficoltà richiamata in apertura della eventuale trasmissione didattica.

Nel testo vengono indicati gli argomenti di maggior rilievo, che costituiscono lo scheletro della teoria; sono offerti alcuni commenti sui risultati più significativi; vengono segnalati anche temi da non approfondire – pur conoscendone l'esistenza – perché di interesse solo per lo specialista; sono presentate, magari addirittura con pignoleria formale, alcune dimostrazioni che si ritiene siano utili a rilevare la delicatezza e le sottigliezze di certi passaggi critici[8]; sono proposti, come istruzioni per l'uso, alcuni esercizi che potrebbero essere presentati anche a studenti delle scuole secondarie.

All'autore corre l'obbligo di avvertire che la concezione del libro è speculativa, in quanto gli impedimenti sopra descritti ostacolano una sperimentazione preliminare.

Il lettore noterà che non è dato molto spazio all'argomento delle successioni, che potrebbe sembrare strano in un libro sull'infinito matematico, ma il motivo è che si ritiene che un laureato in matematica debba averne una certa esperienza, ed essere in grado di inserirlo nella trattazione più generale. Non spiegheremo ad esempio che un punto di accumulazione di punti di accumulazione è un punto di accumulazione.

Siccome l'intenzione è quella di invogliare proprio a studiare la teoria, e non solo continuare a orecchiarla, o a farne la filosofia, la prima parte dedicata a cenni storici e ai fondamenti della matematica è volutamente schematica[9], e si suggerisce anzi di leggerla in un secondo momento, quando si sa di cosa si parla e non solo per sentito dire; o addirittura di rimandarne l'approfondimento ad altra occasione.

Torino, dicembre 2007   Gabriele Lolli

---

[8] Per capirli, è spesso sufficiente la spiegazione informale, ma quando si studia una teoria, oltre al contenuto bisogna anche apprezzare il tipo di ragionamento coinvolto, che è diverso da teoria a teoria. A un livello avanzato, è la dimostrazione il vero oggetto della matematica.

[9] Alcune nozioni definite nella seconda parte sono date per note.

Indice

Prima parte

Seconda parte

Prima parte

1
Storia

1.1 Funzioni

Dati i sospetti e le preclusioni accennate nella presentazione, sarà bene ricordare che le radici della teoria degli insiemi affondano in un terreno squisitamente matematico, e in un terreno importante, anzi proprio quello che viene comunemente chiamato *mainstream* della disciplina, precisamente nello studio delle funzioni.

Il primo libro nel quale sono stati presentati gli elementi della nascente teoria degli insiemi è il trattato di Emile Borel (1871–1956) del 1898 intitolato "Teoria delle funzioni"[1]. Nella prima relazione generale sulla teoria degli insiemi[2], commissionatagli dalla *Deutsche Mathematische Vereinigung*, Arthur Moritz Schoenflies (1853–1928) vedeva la sorgente della teoria nel tentativo di chiarificazione di due concetti collegati, quello di argomento e quello di funzione. Per il primo, equivalente a quello di variabile indipendente, egli notava come fosse stato a lungo legato al concetto intuitivo e non ulteriormente definito del continuo geometrico, mentre ora gli argomenti variavano su insiemi di valori o di punti qualunque.

Per quel che riguarda il concetto di funzione, Schoenflies tracciava le grandi linee della evoluzione ottocentesca, a partire da Fourier (J.-B. Joseph Fourier, 1768–1830) e dalla sua affermazione che una funzione arbitraria può essere rappresentabile da una serie trigonometrica; dava il giusto rilievo alla definizione di Dirichlet (Gustav Lejeune Dirichlet, 1805–1859), in cui il concetto generale di funzione è equivalente, detto in breve, a quello di una *Tabelle* arbitraria, antesignano della moderna definizione insiemistica; ricordava come l'esempio di Bernhard Riemann (1826–1866) di una funzione rappresentabile analiticamente ma discontinua in ogni punto razionale e continua in ogni

---

[1] E. Borel, *Leçons sur la Théorie des Fonctions*, Paris, 1898.

[2] A. Schoenflies, *Die Entwikelung der Lehre von den Punktmannigfaltigkeiten*, Jahresbericht der Deutschen Mathematiker-Vereinigung, Achter Band, Leipzig, 1900.

punto irrazionale avesse messo i matematici di fronte a possibilità per fondare le quali le rappresentazioni disponibili non erano sufficienti[3].

Nello studio generale delle proprietà delle funzioni, e in particolare della loro rappresentazione in serie, si era venuti a considerare come critici i punti di discontinuità o di minimo o massimo; si ricordi che nel Settecento una funzione con una discontinuità di prima specie in un punto, o con un punto di non derivabilità, o comunque definita da due espressioni diverse in due sottointervalli non era propriamente considerata una funzione, ma due. Quando si passò a considerare infiniti punti critici fu immediatamente evidente il ruolo cruciale della loro distribuzione spaziale, e iniziò lo studio degli insiemi infiniti di punti sulla retta, il vero inizio della teoria degli insiemi. Il primo lavoro di Georg Cantor (1845–1918) riguardava l'unicità della rappresentazione di Fourier per funzioni prima con un numero finito e poi con un numero infinito di punti critici[4].

1.2 Topologia della retta

Nello studio degli insiemi di punti Cantor mise le basi della topologia della retta, introducendo il concetto di insieme derivato (insieme dei punti di accumulazione) di un insieme, quindi quelli di insieme chiuso, perfetto, denso in sé, isolato, l'aderenza e la coerenza di un insieme e così via. Altri analisti contribuirono a questo arricchimento, Paul du Bois-Reymond (1831–1889) e Hermann Hankel (1839–1873) tra gli altri. Ma Cantor aveva uno strumento da lui inventato che gli permetteva uno studio più fine e più fecondo, l'iterazione transfinita dell'insieme derivato.

> La descrizione delle mie ricerche nella teoria degli aggregati ha raggiunto uno stadio in cui la loro continuazione viene a dipendere da una generalizzazione del concetto di intero positivo al di là dei limiti attuali[5].

Un nome che deve essere ricordato, non solo per i suoi contributi individuali, di cui parleremo, ma per i suggerimenti e le indicazioni, l'incoraggiamento e il sostegno dati a Cantor è quello di Richard Dedekind (1831–1916)[6].

---

[3] La più semplice funzione di Dirichlet, che vale 1 sui razionali e 0 sugli irrazionali ed è ovunque discontinua, è rappresentabile analiticamente come $\chi(x) = \lim_{n\to\infty}\lim_{m\to\infty}(\cos(2\pi n!\, x))^m$.

[4] Maggiori informazioni storiche, in particolare sul percorso di Cantor, si trovano in G. Lolli, *Dagli insiemi ai numeri*, cit. e nei riferimenti bibliografici ivi contenuti.

[5] Nel 1883, nel quinto di una serie di lavori sugli insiemi di punti della retta, in G. Cantor, *Gesammelte Abhandlungen mathematischen und philosophischen Inhalts* (a cura di E. Zermelo), Springer, Berlin, 1932, p. 165.

[6] L'epistolario pubblicato da J. Cavaillès e E. Noether (disponibile in francese in J. Cavaillès, *Philosophie mathématique*, Hermann, Paris, 1962, e in italiano, a cura di P. Nastasi, nel n. 6 di *Note di Matematica, Storia, Cultura*, Pristem/Storia) è una lettura accessibile, interessante e toccante.

Nello stesso tempo che elaborava i concetti e i risultati matematici Cantor doveva inventare la terminologia e costruire il linguaggio; ad esempio furono introdotti allora per la prima volta simboli speciali per l'unione e per l'intersezione, e in seguito per il prodotto, anche se diversi da quelli ora universalmente adottati. La stessa parola "insieme" non era di uso consolidato, in tedesco si usava *Menge* ma anche *Punktmannigfaltigkeit*, o varietà di punti, in italiano "aggregato" o "gruppo".

1.3 Numeri infiniti

Gli argomenti che hanno fatto diventare matematica e indipendente la teoria degli insiemi sono tuttavia altri, e precisamente i cardinali e gli ordinali infiniti. La elaborazione di questa teoria non è un seguito diretto dello studio degli insiemi di punti della retta, anche se trova ivi la sua motivazione e le sue origini. Gli insiemi di punti non sono insiemi astratti nel senso che verrà a stabilirsi, ma insiemi i cui elementi sono oggetti matematici supposti già definiti e conosciuti in modo indipendente o prioritario, i numeri reali in questo caso. I cardinali e gli ordinali infiniti non c'erano ancora. Per arrivare ad essi Cantor ha avuto l'intuizione creativa di considerare insiemi astratti, o insiemi in sé, prescindendo dalla natura dei loro elementi.

Prima della introduzione dei numeri cardinali infiniti peraltro, la scoperta della possibilità di considerare infiniti diversi, di diversa potenza[7], nasce in Cantor con la dimostrazione che l'insieme dei numeri naturali e l'insieme dei numeri reali non possono essere messi in corrispondenza biunivoca, di nuovo un fatto di genuino interesse analitico. Invece con i numeri naturali possono essere messi in corrispondenza biunivoca i numeri razionali, come anche (ed è stata per molti una sorpresa) i numeri algebrici[8]. Per il risultato sui reali Cantor, dopo una prima dimostrazione che sfruttava la continuità della retta, ha inventato il metodo diagonale, con una formulazione astratta che non dipende dalla natura degli enti e sarà quindi generalizzabile.

Secondo Schoenflies, la teoria degli insiemi è diventata una disciplina matematica proprio quando Cantor ha presentato il numerabile (cioè la cardinalità dell'insieme dei numeri naturali) come un ben definito concetto matematico, insieme alla classificazione degli insiemi infiniti secondo la potenza, e con la dimostrazione che i numeri algebrici sono numerabili, mentre il continuo non lo è.

La cardinalità definita con le corrispondenze biunivoche rivelava comportamenti inaspettati dell'infinito – al di là del fenomeno da lungo tempo notato come non più che una curiosità, che il tutto può essere equivalente a una sua

---

[7] "Potenza" è sinonimo di "cardinalità".

[8] Una dimostrazione sarà data in 3.7. I numeri algebrici sono le soluzioni delle equazioni algebriche a coefficienti interi.

parte – quale l'equipotenza del quadrato e di un suo lato[9]. Le prime osservazioni riguardavano sempre il continuo dei numeri reali. Per generalizzare, occorreva come si è detto un salto logico, quello di non considerare più gli insiemi, come erano stati fino ad allora, solo uno strumento linguistico – analogo ai predicati – di analisi di una realtà particolare autonoma oppure come un modo di riferirsi ai sistemi numerici abituali nella loro totalità – l'insieme dei numeri interi, razionali, … – ma come un concetto in sé. Intuizione tanto più ardita quanto più vuoto di qualsiasi determinazione è il concetto di insieme.

La spinta è stata data dalla volontà di proseguire la catena dei numeri che si usano nella scansione di un processo: dopo aver ripetuto un'azione per

$$1, 2, \ldots, n \quad \text{volte, indefinitamente}$$

immaginare una tappa di assestamento, a uno stadio infinito chiamato ω, con un risultato che il processo dovrebbe effettivamente raggiungere invece di vederlo come limite,

$$1, 2, \ldots, n \quad \text{volte}, \ldots \omega,$$

e riprendere con

$$1, 2, \ldots, n \quad \text{volte}, \ldots \omega, \omega + 1, \omega + 2, \ldots$$

La prosecuzione porta nel transfinito.

I numeri che servono a scandire i processi sono i numeri ordinali. Il primo caso che ha suggerito a Cantor la prosecuzione transfinita è stato il processo di formazione dell'insieme derivato A' di A.

Un insieme A di punti sulla retta come quello dei punti di ascissa $1/n$, per $n \geq 1$, ha come unico punto di accumulazione 0, e quindi $A' = \{0\}$ e $A'' = \emptyset$.

Se si considera l'insieme A dei punti $1/n + 1/m$, per $n, m \geq 1$, l'insieme A' contiene 0 e gli $1/n$, $n \geq 1$, quindi $A'' = \{0\}$ e $A^{(3)} = \emptyset$.

Così per ogni n si possono dare esempi di insiemi che hanno il derivato n-esimo finito, e il derivato $(n+1)$-esimo vuoto.

Se nel piano in corrispondenza a ogni ascissa $1/n$, cioè sulla retta verticale di ascissa $1/n$, si considera un insieme il cui derivato n-esimo è finito e contiene $1/n$, si ottiene un insieme tale che tutti i suoi $A^{(n)}$ sono non vuoti.

Cantor prende allora a ω l'intersezione di tutti quelli ottenuti, che formano una catena discendente rispetto all'inclusione.

$$A', A'', \ldots, A^{(n)}, \ldots, \bigcap_n A^{(n)}.$$

---

[9] Quadrato e lato curiosamente hanno sempre giocato un ruolo importante nel progresso della matematica, a partire dall'incommensurabilità. Rappresentano il legame tra le diverse dimensioni.

L'intersezione può essere vuota o no; in questo caso si continua

$$A', A'', \ldots, A^{(n)}, \ldots, \bigcap_n A^{(n)}, \left(\bigcap_n A^{(n)}\right)'.$$

Se $\bigcap_n A^{(n)}$ è finito, $(\bigcap_n A^{(n)})'$ è vuoto, altrimenti no e la successione prosegue

$$A', A'', \ldots, A^{(n)}, \ldots, \bigcap_n A^{(n)}, \left(\bigcap_n A^{(n)}\right)', \ldots.$$

Ma bisognava passare dai simboli come ω e $\omega + 1$ a qualcosa che si potesse considerare un ente matematico. Non è stato facile perché erano del tutto nuovi. Dopo qualche indecisione[10], Cantor ha individuato la proprietà del buon ordine come cruciale, e ha definito quindi gli ordinali come particolari tipi di ordine, quelli per i quali ogni sottoinsieme non vuoto ha un minimo, in analogia ai numeri naturali. Il "tipo" è l'astrazione rispetto a isomorfismi. Nel confrontare e classificare ordini a meno di isomorfismo la natura degli elementi perde importanza e interesse; restano i contenitori apparentemente vuoti di contenuto, ma come si vedrà ben diversi l'uno dall'altro.

Con la definizione di ordinale Cantor ritrovava e nello stesso tempo generalizzava la nozione di numero naturale. Nel caso infinito tuttavia i due concetti di numero ordinale e di numero cardinale, che nel finito coincidono, divergono drammaticamente, e permettono anche di distinguere le diverse funzioni del numero, il contare come processo e la determinazione della quantità. Il fenomeno per cui dalla prospettiva dell'infinito si illumina meglio anche il finito si ripete frequentemente. In generale, concetti che in un dominio sono equivalenti e in un altro si scopre che non lo sono danno origine a una divaricazione di problematiche e teorie, che diventano interessanti anche nel vecchio dominio.

Le definizioni di Cantor e dei primi insiemisti, quella di numero ordinale come quella di numero cardinale, facevano uso di concetti e strumenti molto semplici, e considerati non problematici dai matematici; in particolare erano tutte definizione per astrazione da relazioni di equivalenza: un ordinale è una classe di equivalenza di tutti gli insiemi bene ordinati tra loro isomorfi; un cardinale è una classe di equivalenza di tutti gli insiemi tra loro equipotenti, o in corrispondenza biunivoca tra loro[11].

Quindi inizialmente sono i nuovi enti introdotti che rappresentano il contributo importante della teoria, non il modo di trattare la matematica in una prospettiva e con strumenti insiemistici, che all'epoca era al di là di

---

[10] Inizialmente proponeva soltanto di aggiungere in modo formale all'operazione "+1" una operazione di limite, generando simboli.

[11] Presto ci si accorgerà che tali classi sono troppo grandi per essere considerate insiemi, e si dovranno introdurre correzioni logiche, che non modificano tuttavia lo spirito della definizione.

ogni ragionevole aspettativa. In seguito si imparerà a usare in maniera più duttile la logica arricchita dal concetto di insieme, e questo diventerà l'aspetto predominante della infiltrazione degli insiemi nella matematica, che porterà a considerare la teoria degli insiemi una teoria fondazionale, come discuteremo nel secondo capitolo.

All'inizio, non c'è una teoria specifica, ma ci sono solo nuovi enti che affiancano quelli tradizionali, e sono enti matematici non perché siano insiemi o siano definiti con insiemi, ma perché hanno alcune proprietà della matematica tradizionale, precisamente analogie con i sistemi numerici tradizionali. Si potrebbe pensare a un arricchimento dell'aritmetica, con un nuovo tipo di numeri. Per la legittimazione della nozione di cardinalità, Borel chiedeva ad esempio che si provassero teoremi indispensabili, quale la confrontabilità di cardinali (si veda oltre, il teorema di Cantor-Schröder-Bernstein).

Nello stesso tempo, Cantor aveva prodotto matematica nuova collaterale, per così dire ausiliaria rispetto al suo interesse per i numeri transfiniti, in particolare una messe di risultati sulle relazioni di ordine, alle quali aveva anche trasportato fin dove possibile nozioni topologiche ricavate dall'esperienza con la retta.

1.4 L'assiomatizzazione della teoria

La teoria degli insiemi viene assiomatizzata, per la prima volta da Ernst Zermelo (1871–1953) nel 1908, quindi nella forma definitiva nota come ZF (o ZFC con l'assioma di scelta) da Adolf Abraham Fraenkel (1891–1965) e Thoralf Skolem (1887–1963) nel 1922.

È stato sostenuto, e qualcuno pensa ancora che l'assiomatizzazione sia stata un riparo dai paradossi che si erano scoperti (da parte già di Cantor, quindi di Cesare Burali-Forti (1861–1931) e di Zermelo).

Ma il fatto è che orami tutte le teorie matematiche venivano presentate in forma assiomatica, soprattutto quelle che si riferivano a enti non tradizionali. La consapevolezza dei paradossi è stata uno stimolo a mettere per iscritto i principi che si potevano usare nel trattare l'infinito, ma non l'unico.

L'obiettivo di Zermelo, nel costituire questa teoria autonoma, era quello di avere un contesto unitario per lo studio degli argomenti che erano allora caratteristici della matematica, i concetti di numero, ordine e funzione. Si incominciava a intravedere che questi concetti fondamentali, pur nella loro autonomia, potevano essere presentati in un quadro unitario nel linguaggio che si stava imponendo nel giro di poco più di venti anni (Zermelo era un allievo di David Hilbert (1862–1943)).

C'è chi pensa tuttavia che una teoria fondamentale, come vedremo che viene ad essere considerata la teoria degli insiemi, non debba essere assiomatizzata, perché considera questo tipo di presentazione come un ripiego e un indebolimento delle sue ambizioni. Una teoria assiomatica infatti non determina in modo unico gli enti ai quali si riferisce: ha sempre più di un modello, come sapevano già da fine Ottocento geometri e algebristi, anche prima che si precisassero le indagini logiche sulle teorie assiomatizzate[12]. Il riduzionismo, del quale parleremo tra breve, che presenta una definizione esplicita degli enti matematici, vorrebbe essere un'alternativa proprio al metodo assiomatico.

Presentare la teoria degli insiemi come una teoria assiomatica significherebbe allora rinunciare alla pretesa che con essa si possano definire in modo assoluto le nozioni matematiche.

Ma sui sostenitori di questa posizione ricade l'onere della prova che sia possibile il loro programma, vale a dire che la mente umana sia in grado di definire in modo univoco e assoluto concetti che hanno estensioni infinite. Tutte le conoscenze che abbiamo vanno per ora nella direzione opposta.

La formulazione assiomatica non è un modo debole di fondare la teoria degli insiemi stessa, la quale dovrebbe fungere da teoria fondamentale forte per tutta la matematica. L'equivoco sorge da due diverse nozioni di fondazione, una che pretende definizioni assolute e creative, o costitutive, l'altra che pretende soltanto la presentazione nella forma imprescindibile, assiomatica, di ogni teoria matematica[13].

Nella volontà di assiomatizzare la teoria degli insiemi il desiderio di evitare i paradossi era certo presente. Già Cantor aveva osservato che era necessario porre una limitazione all'uso del cosiddetto principio di *comprensione*, cioè all'assunto che a ogni definizione corrisponda un insieme: era troppo facile definire collezioni così grandi da non poter essere contenute in alcun insieme e capaci perciò di portare a paradossi se oggettivizzate come insiemi. La totalità di tutti gli insiemi $V = \{x\colon x = x\}$ ne è un esempio, come quella *Ord* di tutti gli ordinali o quella di tutti i cardinali, o quella di tutti gli insiemi equipotenti a un insieme dato. Tali estensioni si possono mettere in corrispondenza biunivoca definibile con l'universo V, sia pure con la difficoltà, e con la stessa sorpresa moltiplicata per millanta della corrispondenza tra lato e quadrato[14].

---

[12] Per le discussioni sul metodo assiomatico si veda G. Lolli, *Da Euclide a Gödel*, il Mulino, Bologna, 2004.

[13] "Ad ogni matematico che abbia a cuore la probità intellettuale s'impone ormai la necessità assoluta di presentare i propri ragionamenti in forma assiomatica", J. Dieudonné, *Les méthodes axiomatiques modernes et les fondements des mathématiques*, in *Les grands courants de la pensée mathématique*, a cura di F. Le Lionnais (1948), seconda edizione arricchita, Paris, A. Blanchard, 1962, pp. 543–55.

[14] Per queste collezioni è diventato usuale usare il termine "classe"; tuttavia questa parola può comparire in due modi diversi nello studio degli insiemi. In certi casi, quando la teoria di riferimento è una teoria degli insiemi come ZF, dove tutti i termini denotano insiemi, "classe" è un termine informale, o meglio un termine della metateoria. Si chiamano classi certi simboli introdotti per definizione, come X in

$$x \in X \leftrightarrow \varphi(x)\,,$$

I principi alla base della teoria erano impliciti nell'uso, ed erano quelli più frequentemente ricorrenti. Zermelo ha dichiarato di aver isolato i suoi assiomi da un esame empirico delle dimostrazioni esistenti relative agli insiemi.

Se si parlava dell'insieme unione di un insieme, o dell'insieme potenza[15] di un insieme, era scontato che si faceva riferimento ad una assunzione di esistenza. Quasi tutte tali assunzioni erano di fatto implicite nella introduzione di un simbolo funzionale, ad esempio $\mathscr{P}(x)$ per l'insieme potenza. Logicamente si rovescia il procedimento, prima si postula o si dimostra che esiste ed è unico un insieme con determinate proprietà, ad esempio un y tale che

$$\forall z(z \notin y)$$

o un y tale che

$$\forall z(z \in y \leftrightarrow z \subseteq x)$$

quindi si introduce un simbolo per esso, rispettivamente $\emptyset$ e $\mathscr{P}(x)$, di costante o di funzione se dipende da parametri. Ma la sostanza è la stessa.

Alcune assunzioni tuttavia sfuggivano alla consapevolezza o se esplicitate non godevano dell'accettazione universale; una di questi era il principio di scelta. Zermelo nel 1908 ha deciso di mettere ordine con la sua assiomatizzazione proprio in seguito alle discussioni sulla dimostrazione da lui proposta nel 1904 che ogni insieme può essere bene ordinato, e che aveva sollevato diverse contestazioni. In mancanza di una lunga familiarità con il tipo di argomenti usati per gli insiemi era facile che non si capissero le dimostrazioni[16].

Una volta presentato tuttavia, il sistema di assiomi di Zermelo fu subito accettato come ovvio – salvo qualche dettaglio su assiomi non immediatamente evidenti o rilevanti, come quello di fondazione, o l'esistenza di atomi, e qualche contestazione filosofica sull'assioma di scelta. L'unica aggiunta importante fu quella dell'assioma di rimpiazzamento nel 1922, ma la lacuna che copriva era una dimenticanza, in quanto essenzialmente esso era stato usato e quasi teorizzato da Cantor.

---

e usati invece della corrispondente formula definitoria, quando si sa che non esiste un insieme che contiene tutti e soli gli insiemi che soddisfano la definizione; tali simboli introdotti per alcune classi rendono più agevole la trattazione e la scrittura, in quanto una parte della notazione insiemistica si può estendere alle classi, scrivendo ad esempio $x \in Ord$ laddove si dovrebbe scrivere la formula con la variabile x che costituisce la definizione di ordinale. Esistono invece teorie nelle quali gli oggetti sono proprio di due tipi, gli insiemi e le classi, gli insiemi essendo anche classi – classi che appartengono ad altre classi – ma non viceversa, con i loro rapporti regolati dagli opportuni assiomi. Qui nel seguito la nozione di classe, quando interverrà, sarà del primo genere, quello delle abbreviazioni per definizione.

[15] Insieme delle parti, o insieme dei sottoinsiemi.

[16] Alcune obiezioni alla dimostrazione di Zermelo riguardavano le infinite scelte non regolate da una legge, ma altre sospettavano l'infiltrazione nel ragionamento di classi pericolose.

Il problema di questa teoria assiomatizzata non era inizialmente, come temevano i fondamentalisti, che avesse troppi modelli, e non potesse quindi fissare il concetto di insieme, ma che non ne aveva nessuno. Anche se la semantica non era ancora diventata una scienza, era watsoniano immaginare che se un'interpretazione doveva essere un "sistema di cose", finiva per essere un insieme; ma l'interpretazione della teoria doveva invece essere l'intero universo degli insiemi. Un modello sarebbe stato un elemento del modello, con paventabili circoli viziosi. Nella teoria degli insiemi si è esclusa a ogni buon conto l'eventualità di un x tale che $x \in x$.

La semantica informale, che pure era usata nella definizione di "sistema" (ad esempio per studiare l'indipendenza degli assiomi, secondo la tradizione della prima assiomatica) era troppo simile alla teoria degli insiemi stessa. Se la si lasciava volutamente informale, il rischio era che l'interpretazione della teoria formale degli insiemi non potesse essere un oggetto matematico, una struttura, come per tutte le altre teorie, ma solo un'idea vaga o intuitiva. Se la si precisava come una teoria degli insiemi, doveva essere diversa da quella studiata. In quale teoria si sarebbe potuto parlare degli universi di tutti gli insiemi?

Le castagne dal fuoco furono tolte da Kurt Gödel (1906–1978) solo negli anni Trenta, quando egli introdusse la tecnica dei modelli interni, con la quale i modelli erano classi definibili nella teoria stessa[17]. La nozione di soddisfazione di una formula nel modello era sostituita da quella della (dimostrabilità, nella teoria, della) relativizzazione della formula alla classe, cioè della formula ottenuta restringendo tutti i suoi quantificatori a variare solo nella classe definibile.

In questo modo la teoria ha potuto svilupparsi come tutte, non solo deduttivamente, ma anche semanticamente, benché si tratti di una semantica *sui generis*. La terminologia è semantica, le tecniche sono sintattiche. Per avere anche a disposizione le intuizioni che sono permesse dal considerare una struttura come un oggetto bisogna ricorrere alla soluzione di utilizzare come metateoria una teoria che estenda quella data affermando che esiste un modello della stessa. Come vedremo in 3.10, la teoria degli insiemi è d'altronde una teoria naturalmente aperta verso estensioni senza fine.

Una caratteristica che salta agli occhi è che gli assiomi della teoria degli insiemi hanno una giustificazione diversa da quelli delle altre teorie. Queste vengono assiomatizzate dopo una lunga esperienza con le strutture che a posteriori saranno riconosciute modelli delle teorie. Quando ne sono codificati gli assiomi – per l'aritmetica ad esempio, per le varie teorie algebriche – questi appaiono come una sintesi di proprietà familiari. La teoria assiomatica degli insiemi non ha avuto questa genesi lunga, gli assiomi sono stati enun-

---

[17] Un ulteriore progresso si ebbe nel 1963 quando Paul Cohen inventò le estensioni generiche per superare i limiti della tecnica gödeliana. Queste problematiche riguardano la metamatematica della teoria, e si affrontano di solito solo in un secondo corso, quando c'è.

ciati quando Cantor era ancora vivo. Ma a parte la storia, è la forma stessa degli assiomi che sembra risentire di una diversa funzione: essi non codificano proprietà note, ma postulano l'esistenza di enti matematici. Gli assiomi dell'aritmetica non affermano l'esistenza di numeri notevoli (menzionano lo 0 ma solo per dire la sua posizione); gli assiomi degli insiemi invece mettono a disposizione gli enti che servono, all'interno e all'esterno della teoria. Il carattere aperto della teoria è una necessità per far fronte alle possibili nuove esigenze della matematica.

1.5 La teoria assiomatica di Zermelo-Fraenkel

Gli assiomi di ZF, per la precisione[18], sono i seguenti, dove secondo l'uso sono via via introdotti simboli definiti per operazioni e costanti, soddisfacendo facilmente, grazie al primo assioma, la condizione logica dell'unicità della loro definizione[19]:

Assioma di estensionalità:

$$\forall x \forall y (x = y \leftrightarrow \forall z (z \in x \leftrightarrow z \in y)),$$

due insiemi sono uguali se e solo se hanno gli stessi elementi.
Assioma dell'insieme vuoto:

$$\exists x \forall y (y \notin x)$$

indicato con $\emptyset$. L'insieme vuoto non ha alcun elemento.
Assioma della coppia:

$$\forall x \forall y \exists z \forall u (u \in z \leftrightarrow u = x \lor u = y)$$

indicata con $\{x, y\}$. La coppia di x e y ha come elementi solo x e y.
Assioma dell'unione:

$$\forall x \exists z \forall u (u \in z \leftrightarrow \exists y \in x (u \in y))$$

indicata con $\cup x$. L'unione di x ha come elementi gli elementi degli elementi di x.
Assioma della potenza:

$$\forall x \exists z \forall u (u \in z \leftrightarrow u \subseteq x)^{20}$$

indicata con $\mathscr{P}(x)$. La potenza di x ha come elementi i sottoinsiemi di x.

---

[18] La teoria oggi chiamata di Zermelo, Z, è la stessa senza l'assioma di rimpiazzamento.

[19] Supponiamo che il lettore conosca il formalismo della logica predicativa.

[20] $u \subseteq x$ è un'abbreviazione per $\forall v (v \in u \rightarrow v \in x)$.

Assioma dell'infinito[21]:

$$\exists x(\emptyset \in x \land \forall y(y \in x \to \{y\} \in x)),$$

esiste un insieme che non è vuoto, in quanto contiene $\emptyset$, e per ogni suo elemento ne contiene uno diverso[22].

Assioma di separazione[23]:

(Schema di assiomi) Per ogni formula $\varphi(u, \ldots)$ non contenente x libera

$$\forall \ldots \forall x \exists z \forall u(u \in z \leftrightarrow u \in x \land \varphi(u, \ldots))$$

ovvero: esiste il sottoinsieme di x formato dagli elementi di x che soddisfano φ, indicato con $z = \{u \in x \colon \varphi(u, \ldots)\}$.

Assioma di rimpiazzamento:

(Schema di assiomi) Per ogni formula $\varphi(u, v, \ldots)$ non contenente x libera

$$\forall \ldots (\forall x \exists_1 y \varphi(x, y, \ldots)) \to \forall u \exists v \forall y(y \in v \leftrightarrow \exists x \in u \varphi(x, y, \ldots)))^{[24]}$$

ovvero: per ogni operazione funzionale definibile, quando essa è ristretta a un insieme esiste l'insieme delle immagini.

Assioma di fondazione:

$$\forall x \exists y \in x \forall u(u \in y \to u \notin x)$$

ovvero: l'appartenenza è ben fondata, non ci sono catene discendenti rispetto a $\in$ (e in particolare $\{u\} \neq u$).

L'assioma di scelta[25] ha innumerevoli versioni equivalenti, una delle quali è la seguente, che afferma che per ogni insieme non vuoto di insiemi non vuoti x esiste un insieme che contiene un solo elemento di ogni elemento di x:

---

[21] Lo scriviamo in questo modo, accettabile per la funzione che deve svolgere, per utilizzare solo i termini finora introdotti ($\{u\}$ sta per $\{u, u\}$, si chiama singoletto di u, e l'importante qui è che $\{u\} \neq u$, sulla base dei restanti assiomi), ma è più comodo, come si vedrà in seguito, scriverlo come

$$\exists x(\emptyset \in x \land \forall y(y \in x \to y \cup \{y\} \in x))$$

dopo aver introdotto l'unione a due argomenti con la definizione $x \cup y = \cup\{x, y\}$.

[22] La parafrasi non è precisa, perché la funzione dell'operazione $\{y\}$ è più complessa, quella di evitare cicli; ma questo si chiarisce con lo sviluppo della teoria e l'introduzione dell'insieme dei numeri naturali.

[23] Oppure "di isolamento", o "dei sottoinsiemi".

[24] $\exists_1$ è un'abbreviazione per "esiste esattamente un".

[25] Gli assiomi precedenti sono quelli di ZF; se si aggiunge l'assioma di scelta la teoria si indica con ZFC, C da *choice*.

Assioma di scelta:

$$\forall x(\forall y \in x(y \neq \emptyset) \land \forall y, z \in x(y \cap z = \emptyset) \to \exists z \forall y \in x \exists u(z \cap y = \{u\}))^{26}.$$

La prima versione di Zermelo, o principio moltiplicativo, afferma che il prodotto di un insieme non vuoto di insiemi non vuoti non è vuoto[27].

Gli assiomi non sono tutti indipendenti. L'assioma di separazione si ottiene da quello di rimpiazzamento: dato un insieme x e una condizione $\varphi(u)$, si considera l'applicazione identica per gli elementi che soddisfano φ, cioè si applica il rimpiazzamento a $\varphi(u) \land y = u$. Con l'assioma di separazione diventa superfluo quello dell'insieme vuoto (basta usare, su un qualunque x, una condizione contraddittoria $u \neq u$).

Questa semplice ed elegante teoria permette di sviluppare una serie di argomenti che non si sospetterebbe dalla sola considerazione degli assiomi, e dalla parsimonia del linguaggio (la sola relazione binaria $\in$): la teoria dei cardinali, molto ricca di distinzioni inesistenti nel finito, e passibile di ulteriori estensioni con l'aggiunta di nuovi assiomi, la topologia generale, l'algebra delle strutture, la teoria delle funzioni, i sistemi numerici classici e relative sovrastrutture, ma in una parola: tutta la matematica esistente.

---

[26] L'intersezione si definisce con l'assioma di separazione come sottoinsieme dell'unione.

[27] Non stiamo a definire il prodotto di un insieme x, ma di fatto i suoi elementi sarebbero insiemi che hanno un solo elemento in comune con ciascuno degli elementi dell'insieme x dato.

2
Fondamenti della matematica

Proprio nel periodo in cui Cantor metteva le prime pietre della teoria degli insiemi, i numeri reali stessi dai quali aveva avuto origine la nuova teoria erano a loro volta definiti (intorno al 1872) a partire dai razionali, con il contributo di diversi matematici, a incominciare da Karl Weierstrass (1825–1897); le definizioni di maggiore successo furono quelle delle successioni di Cauchy (Cantor) e delle sezioni (Dedekind). I reali nascevano con operazioni insiemistiche sui razionali, i quali a loro volta erano definibili dagli interi, e questi dai naturali, sempre con nozioni e operazioni insiemistiche (coppie ordinate, classi di equivalenza). Di particolare importanza è la definizione di Dedekind, che usa solo sottoinsiemi dei razionali, mentre quella di Cantor richiede la nozione di successione, che coinvolge numeri naturali e funzioni, ed è quindi un po' più indiretta.

Forse è solo con Dedekind che in matematica insiemi di oggetti (le sezioni dei razionali) vengono consapevolmente assunti come oggetti[1]. Le classi di equivalenza, presenti anche in molte ricerche aritmetiche di Carl Friedrich Gauss (1777–1855), sono insiemi, ma spesso erano trattate solo come una forma comoda di espressione, rimandando subito per i calcoli agli elementi rappresentanti e alla relazione tra di essi[2]. Dopo i reali, Dedekind compie la stessa costruzione con gli ideali, anch'essi insiemi che diventano oggetti di calcolo; la matematica di fine Ottocento è tutta un fiorire di soluzioni di questo tipo; si ricordano sempre solo alcuni episodi, ma una lettura delle opere del tempo farebbe vedere che non si tratta di casi isolati, ma di una tendenza generale, e l'importanza loro assegnata nella ricostruzione storica è legittima.

I lavori di Cantor e Dedekind completano il programma di *aritmetizzazione*, vale a dire la riconduzione di tutti i sistemi numerici, e dell'analisi fondata

---

[1] R. Dedekind, *Stetigkeit und irrationale Zahlen*, 1872; trad. it. in *Scritti sui fondamenti della matematica*, Bibliopolis, Napoli, 1983.

[2] Qualcuno classifica l'astrazione delle classi di equivalenza come un'operazione propriamente logica più che insiemistica.

su di essi, ai numeri naturali. Il continuo diventa volutamente indipendente dall'intuizione geometrica, talvolta – e sempre più di frequente – fallace come base dell'analisi, e ormai priva di un riferimento teorico con lo sviluppo delle geometrie non euclidee. Per Gauss l'unico concetto chiaro e assoluto della matematica era quello dei numeri naturali.

Ma a Dedekind è dovuto infine un passo fatale, la definizione insiemistica della struttura dei numeri naturali[3]. La terminologia non è ancora consolidata, Dedekind parla anche lui di "sistemi" invece che si insiemi o di strutture; gli ingredienti sono tuttavia tutti insiemistici: insiemi infiniti e applicazioni di un insieme in sé (che Dedekind chiama catene, *Kette*). Dedekind definisce innanzi tutto un insieme come infinito se esiste una applicazione (*Abbildung*) iniettiva (*ähnlich*) dell'insieme su un suo sottoinsieme proprio. Ammesso che esista un insieme infinito X, con una sua applicazione $f: X \hookrightarrow X$ in sé, non suriettiva, i numeri naturali sono definiti come l'intersezione di tutti i sottoinsiemi di X chiusi rispetto all'applicazione e che contengono un unico fissato elemento a non appartenente all'immagine im(f): sistemi semplici, nella terminologia di Dedekind.

Sulla base della sua definizione, che Dedekind dimostra adeguata provando il principio di induzione e quello di ricorsione, e definendo la relazione d'ordine e le operazioni aritmetiche, tutti i sistemi numerici classici possono essere definiti con i concetti insiemistici, grazie al lavoro collettivo dell'aritmetizzazione.

Fino ad allora l'esistenza di insiemi infiniti era stata tacitamente assunta pensando ai sistemi numerici, i naturali in primo luogo, di cui si consideravano sottoinsiemi, anche infiniti, sempre esplicitamente definiti. Nel momento in cui basa la costruzione di tutti questi sistemi sull'esistenza un insieme infinito, Dedekind ha il dubbio che si debba esplicitare il modo come ci convinciamo della legittimità della premessa; egli si propone di dimostrarla considerando l'insieme dei nostri pensieri, con l'operazione di pensare un pensiero, che genera un diverso pensiero. L'esistenza dell'infinito matematico viene fatta dipendere dall'esistenza di un infinito non matematico nella realtà (in senso lato), ma questa viene dimostrata in un modo che è supposto matematicamente legittimo – viene affermata come un teorema. Il rigore non è mai assoluto in tempi di crescita. Altri, tra i quali Bertrand Russell, tenteranno qualche forma dimostrazione logica. Si arriverà alla fine a capire che la si deve postulare, o come assioma formale o come capacità sintetica a priori (Poincaré).

La definizione di Dedekind è basata su una proprietà che è la negazione di quella goduta da tutti gli insiemi finiti, in particolare dai numeri naturali. Postulare l'esistenza di qualcosa che contraddice l'esperienza quotidiana sembra un'azione temeraria, se non disperata; ci si aspetterebbe una imme-

---

[3] R. Dedekind, *Was sind und was sollen die Zahlen*, 1887; trad. it. in *Scritti sui fondamenti della matematica*, cit.

diata contraddizione. Invece come si sa si apre un mondo di enorme varietà ed interesse, che è poi il mondo proprio della matematica.

Inizia così anche il periodo dei fondamenti. L'aritmetizzazione poteva andare bene per Gauss e concludersi lì ai numeri naturali, ma la domanda su cosa siano a loro volta questi ultimi si poneva in modo spontaneo, a prescindere dalle esigenze dello *Zeitgeist*. La risposta di Dedekind è la definizione insiemistica, che viene data nello stesso tempo che la teoria degli insiemi veniva delineandosi come teoria bifronte: da una parte con un contenuto matematico preciso e dall'altra come un ausilio logico indispensabile per la realizzazione della aritmetizzazione. Questo si intende con "problema dei fondamenti" a fine Ottocento, la costruzione e definizione del contenuto e del ruolo della teoria degli insiemi a coronamento del successo del processo di aritmetizzazione.

L'insegnante – e un qualsiasi matematico – deve conoscere il problema dei fondamenti, perché questo aiuta a capire come si è evoluta la matematica e come è diventata quello che è diventata. Ma deve capire che è più giusto parlare di "problemi" dei fondamenti in diversi periodi storici.

Con "fondamenti" non si è intesa sempre la stessa problematica, né la stessa teoria di riferimento. A parte gli episodi precedenti nella storia, dagli irrazionali dei Greci agli infinitesimi dell'età moderna, con lo sviluppo successivo nel ventesimo secolo si sono posti diversi problemi con motivazioni che derivavano anche da altre tematiche. Un esempio è il programma di Hilbert degli anni Venti, con la sua idea di utilizzare la formalizzazione integrale (dimostrata possibile da Giuseppe Peano (1858–1932) e dai *Principia Mathematica* (1910) di Whitehead e Russell) per provare a dimostrare la non contraddittorietà e la completezza della teoria dei numeri (reali) con metodi combinatori applicati alla rappresentazione formale delle dimostrazioni.

I fondamenti della matematica non costituiscono perciò un capitolo iniziale che spieghi in cosa consista la matematica, rispondendo in modo definitivo a domande come "che cosa sono gli enti matematici?", "quale garanzia abbiamo della sua correttezza?" e simili; lo studio dei fondamenti è una discussione delle soluzioni che vengono adottate o proposte per integrare o riorganizzare in un quadro coerente le novità che via via si presentano[4].

Siccome vogliamo parlare della teoria degli insiemi, ci limiteremo a considerare quegli aspetti della questione dei fondamenti che nel corso del Novecento sono dipesi dalla invadenza della teoria stessa nel corpo della matematica[5].

---

[4] Ad esempio, alla fine del Novecento, quale senso e valore dare alle dimostrazioni automatiche.

[5] Anche il programma di Hilbert, se non nelle tecniche almeno nella motivazione, ha qualche riferimento alla teoria degli insiemi, in quanto la sua origine è nella aspirazione di Hilbert di dimostrare che l'uso dell'infinito era innocuo, utile e imprescindibile ma affidabile come la trattazione del finito. Il suo scopo era assicurare che "nessuno ci caccerà dal paradiso di Cantor".

2.1 Riduzionismo

Con "riduzionismo" in filosofia della matematica si intende l'uso di una teoria per definire al suo interno tutte le nozioni e i tipi di enti matematici. Più in generale, si intende la definizione dei concetti di un dominio per mezzo di quelli di un altro, di quelli chimici in termini fisici ad esempio, posto che sia possibile (e di questo si discute in filosofia della scienza). La teoria *alla* quale si riduce può essere omogenea a quelle che si riducono, oppure appartenere ad un altro campo di conoscenze. La matematica potrebbe essere ridotta ad esempio, come era nelle intenzioni di Gottlob Frege, alla logica. Quando la teoria è della stessa natura delle ridotte allora essa è detta fondamentale, o fondazionale. La teoria degli insiemi è una teoria fondamentale in questo senso.

Non si richiede che la riduzione, ovvero la definizione degli enti matematici, soddisfi qualche condizione di naturalezza, né che i ridotti assomiglino, in qualche senso, agli enti come sono stati concepiti o immaginati nella versione originaria e storica. I matematici che si oppongono al riduzionismo usano questo argomento per dichiarare che essi non ritrovano gli enti a loro familiari nelle definizioni sostitutive. Ma la risposta è che le definizioni non devono necessariamente essere operativamente sostitutive, ma solo mostrare la riducibilità in linea di principio. Occorre solo che si riesca a dimostrare per essi alcune proprietà che si ritengono caratterizzanti di quegli enti.

Il riduzionismo si accompagna allora inevitabilmente, volente o nolente, anche a una visione assiomatica, o almeno si appoggia alla presentazione assiomatica dei concetti più o meno rigorosa che deriva dalla storia.

Un esempio semplice di una riduzione non naturale ma efficace si ha considerando la nozione di coppia ordinata: la definizione insiemistica della coppia ordinata è piuttosto tarda, dovuta a Casimir Kuratowski (1896–1980) nel 1922, quando già da tempi si parlava di relazioni come insiemi di coppie ordinate. La definizione di Kuratowski è

$$\langle x, y \rangle = \{\{x\}, \{x, y\}\}$$

dove non si vede traccia di ordine: per individuare la prima componente bisogna dire che è l'elemento dell'insieme della coppia (non ordinata) che è un singoletto, mentre la seconda componente è l'altro elemento dell'altro termine della coppia[6].

---

[6] Questo se $x \neq y$; $\langle x, x \rangle$ sembrerebbe porre qualche problema, ma siccome è uguale a $\{\{x\}, \{x, x\}\} = \{\{x\}, \{x\}\} = \{\{x\}\}$ basta dire che le coppie ordinate sono gli insiemi o della forma generale indicata sopra, con due componenti diverse, oppure del tipo $\{\{x\}\}$, indicato allora con $\langle x, x \rangle$.

Per quanto non intuitiva, la definizione permette di dimostrare

$$\langle x, y \rangle = \langle u, v \rangle \leftrightarrow x = u \wedge y = v$$

che è tutto quello che serve, perché permette di definire le proiezioni come funzioni: $(\langle x, y \rangle)_1 = x$ e $(\langle x, y \rangle)_2 = y$. La coppia ordinata non deve esprimere l'idea di ordine[7], essa può e deve essere qualunque costrutto che permetta di trattare simultaneamente due oggetti potendo distinguerli[8].

Il difetto della definizione, se difetto si può chiamare, non sta nella sua artificiosità, quanto nei vincoli che impone alla collocazione delle funzioni. Se $f \colon X \longrightarrow X$, allora in generale $f \in \mathscr{P}(\mathscr{P}(\mathscr{P}(X)))$, perché $\langle x, y \rangle$ è un insieme di sottoinsiemi di X e quindi $\langle x, y \rangle$ appartiene a $\mathscr{P}(\mathscr{P}(X))$. Di questo occorre talvolta tenere conto quando si considerano proprietà di chiusura di insiemi rispetto a funzioni.

Prima della definizione di Kuratowski, la nozione di coppia ordinata si usava all'interno del discorso senza avere la consapevolezza che si trattava di una nozione non matematica. Succede spesso, e forse ancora adesso, e non ci rendiamo conto che non tutto è formalizzato, e forse non tutto può essere formalizzato[9].

Nel caso delle definizioni dei concetti più importanti tuttavia, la ricerca della naturalità, o giustezza della definizione, è stata sempre un obiettivo sentito, anche se vago. Si chiedeva che la definizione esprimesse o traducesse l'essenza di un concetto intuito. Con Dedekind, sia nel caso dei reali che nel caso dei numeri naturali si ha solo la promozione a definizioni fondanti di descrizioni precedenti, accettate e facilmente e naturalmente esprimibili in termini insiemistici. La decisione di considerarle fondanti dipende da quello che si intende con essenza.

Nella definizione di $\mathbb{N}$ di Dedekind non interessa la natura o la forma dei singoli numeri, ma solo la caratterizzazione della struttura; per questo motivo la definizione si può considerare di tipo assiomatico. Infatti quella di Dedekind ricordata sopra ricalca la contemporanea formulazione degli assiomi di Peano. Gli oggetti sono indifferenti: se l'insieme infinito di partenza ha l'iniezione f con un $a \notin \mathrm{im}(f)$, allora a è lo 0 e il successore di n è $f(n)$.

---

[7] Se anche si definisse una precedenza tra le proiezioni $(\{x, y\})_1 \prec (\{x, y\})_2$, non servirebbe a niente, essa sarebbe già implicita negli indici 1 e 2; un argomento più decisivo è che gli ordini matematicamente sono relazioni, e una relazione è un insieme di coppie ordinate, quindi la coppia ordinata non può dipendere dalla nozione di ordine.

[8] La definizione di Kuratowski è ingegnosa; si noti che non vi si possono introdurre semplificazioni: ad esempio $\{x, \{x, y\}\}$ non funziona (perché?). Ci sono stati altri tentativi meno soddisfacenti, ad esempio $\{\{x, a\}, \{y, b\}\}$ con due oggetti a e b estranei al dominio del discorso, oppure $\{\{\emptyset, \{x\}\}, \{\{y\}\}\}$, di Norbert Wiener (1894–1964).

[9] Ad esempio, una nozione fondamentale per la costruzione dei linguaggi formali sulla quale non c'è accordo unanime che sia ben definita, e continuano le discussioni, è quella di "occorrenza" di un simbolo in una parola.

Nel riduzionismo insiemistico i numeri naturali sono definiti come vedremo in modo che $0 = \emptyset$, $n+1 = n \cup \{n\}$, $n = \{m : m \in n\}$ e $m < n \leftrightarrow m \in n$. A questa particolare rappresentazione sono mosse talvolta obiezioni di innaturalità, non alla definizione della struttura globale.

Le obiezioni riguardano il fatto che una volta iniziato lo studio dell'aritmetica non capita mai di dover considerare un numero come un insieme e parlare dei suoi elementi; capita di parlare di numeri m minori di n, e questo si esprime con $m < n$ (nonostante sappiamo che è equivalente a $m \in n$); l'insieme dei numeri minori di n è indicato con $\mathbb{N}_n = \{0, 1, \ldots, n-1\}$, benché sia uguale a n.

Nello sviluppo dell'aritmetica il matematico considera solo *insiemi di* numeri; i numeri a tutti gli effetti è come non avessero elementi – se ci sono, non sono mai evocati – cioè come fossero *atomi*.

Le critiche sono quindi contraddittorie; da una parte si lamenta che la caratterizzazione della sola struttura in modo assiomatico (come un particolare tipo di ordine) non dica veramente che cosa sono i numeri, dall'altra ci si comporta come se cosa realmente siano i numeri non interessi: dire "atomo" è come dire "oggetto", "cosa", i vecchi "sassolini".

Lo stesso succede con altre teorie classiche, ad esempio quella di $\mathbb{R}$. I matematici pensano alle strutture come domini di oggetti atomici, e solo al di *sopra* di essi considerano insiemi, relazioni, funzioni. Per avere una nozione di struttura, devono tuttavia usare come fondamentale la teoria degli insiemi, e in questa ogni termine denota un insieme.

Esistono anche teorie che ammettono due specie di oggetti, atomi e insiemi; in particolare questa impostazione era ancora diffusa ai tempi di Zermelo, quando la vocazione riduzionista della teoria degli insiemi non era ancora esplosa.

Si possono ad esempio distinguere due specie di oggetti, disgiunti, detti rispettivamente insiemi e atomi, usando due predicati, oppure due specie diverse di variabili, $a, b, \ldots$ per atomi e $x, y, \ldots$ per insiemi; per gli atomi a si assume $\forall x(x \notin a)$, quindi si postula l'*insieme* vuoto $\emptyset$ e si formula l'assioma di estensionalità solo per insiemi, perché ora tutti gli atomi hanno gli stessi elementi, vale a dire nessuno, e se l'estensionalità si applicasse ad essi sarebbero tutti uguali, tra loro e all'insieme vuoto.

La totalità degli insiemi suole rappresentarsi nel seguente modo, con notazioni che saranno spiegate in seguito, (vedi Figura 2.1) a descrivere una gerarchia ottenuta iterando per ogni ordinale l'operazione di insieme potenza a partire dall'insieme vuoto:

$$\begin{cases} V_0 & = \emptyset \\ V_{\alpha+1} & = V_\alpha \cup \mathscr{P}(V_\alpha) \\ V_\lambda & = \bigcup_{\alpha \in \lambda} V_\alpha \qquad \lambda \text{ limite} . \end{cases}$$

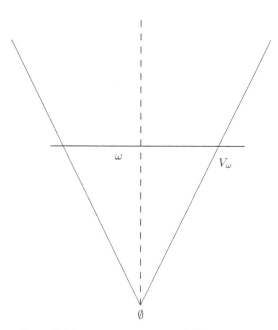

Figura 2.1. La rappresentazione dell'universo V

Per questa gerarchia si ha, usando l'assioma di fondazione, se $V = \{x : x = x\}$ è l'universo,

$$V = \bigcup_{\alpha \in Ord} V_\alpha.$$

Se invece si ha una teoria che ammette atomi, e si indica la collezione di atomi con A, l'immagine potrebbe essere la seguente (vedi Figura 2.2) dove

$$\begin{cases} V_0[A] & = A \\ V_{\alpha+1}[A] & = V_\alpha[A] \cup \mathscr{P}(V_\alpha[A]) \\ V_\lambda[A] & = \bigcup_{\alpha \in \lambda} V_\alpha[A] \qquad \lambda \text{ limite}. \end{cases}$$

Tuttavia il confronto tra le due soluzioni, a una indagine metamatematica, non rivela differenze essenziali nelle questioni cosiddette pratiche. In queste, semplicemente l'essere i numeri (o elementi di altre strutture) insiemi non dà alcun disturbo, se non psicologico, e si può ignorare.

Le teorie degli insiemi con atomi non rispondono comunque alla esigenza che le ha fatte nascere; l'atteggiamento dei matematici che suggerisce la considerazione degli atomi è infatti una sconfessione del riduzionismo: nella prospettiva riduzionista *qualunque* ente è un insieme. Se alcuni non lo sono, o non si dice che lo siano, gli insiemi sono riportati a essere quello

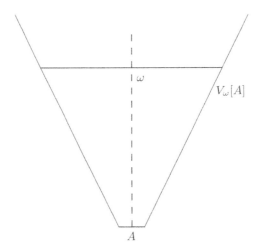

Figura 2.2. La rappresentazione dell'universo con insieme di atomi A

che erano all'inizio, uno strumento logico di analisi delle strutture; devono intervenire solo localmente nello studio di oggetti disparati e variamente giustificati, in una prospettiva pluralista, e l'universo $V[A]$ globale non interessa[10].

Quello che interessa di solito è un dominio X di enti matematicamente familiari con la sovrastruttura rappresentata da uno, due o al massimo una decina di livelli di insiemi ottenuti con l'operazione potenza: i sottoinsiemi del dominio, gli insiemi di insiemi e così via, ma raramente più di quattro iterazioni di $\mathscr{P}$. Il motivo di questa sovrastruttura è quello di avere a disposizione, oltre agli elementi di X, anche i sottoinsiemi, le relazioni e le funzioni tra elementi di X, ed eventualmente i funzionali tra spazi di funzioni, per i quali si sale ancora un po'.

Che il contesto usuale del matematico sia di questo tipo è evidente dal lavoro degli analisti e soprattutto dalla diffusione generalizzata del concetto di struttura. Una struttura è un insieme con alcune operazioni (funzioni), relazioni ed eventualmente famiglie di sottoinsiemi. La sempre più diffusa e accettata caratterizzazione della matematica come studio di strutture ha rafforzato la posizione centrale della teoria degli insiemi, ma non si configura propriamente come un supporto al riduzionismo: in questo caso infatti è la matematica vera e propria che viene svolta in modo strutturalistico, e non c'è bisogno di alcuna riduzione, o traduzione di enti e concetti indipendenti in termini insiemistici. Ne riparleremo a proposito dello strutturalismo.

---

[10] Dal punto di vista metamatematico invece interessa; ad esempio può servire per dimostrare l'indipendenza dell'assioma di scelta considerando automorfismi di A.

Può essere interessante notare che l'atteggiamento tipico del matematico novecentesco è riflesso nella notazione che ancora negli anni Venti e Trenta era usata addirittura da coloro che lavoravano in teoria degli insiemi. Ad esempio in un articolo del 1924 di Alfred Tarski[11] si trovano le seguenti convenzioni di scrittura:

Designo con "a", "b", ... gli oggetti, sui quali non faccio l'ipotesi che siano insiemi;

designo con "A", "B", ... gli insiemi, sugli elementi dei quali non faccio l'ipotesi che siano insiemi[12];

designo con "K", "L", "M", ... gli insiemi di insiemi, che chiamo di solito "classi" di insiemi;

designo con "$\mathcal{F}$", "$\mathcal{H}$", "$\mathcal{L}$", ... le classi di classi di insiemi, che chiamo talvolta "famiglie" di classi.

Oggi si usa ancora la distinzione notazionale e terminologica (semplificata rispetto a quella di Tarski) resa da "a", "A", "$\mathcal{F}$" rispettivamente per oggetti, insiemi, famiglie di insiemi (le classi di Tarski).

L'affermazione che la teoria degli insiemi è una teoria fondamentale, o la stessa affermazione relativamente a una qualunque altra teoria ha ovviamente un significato pragmatico, si riferisce a tutti i concetti matematici fino ad ora concepiti.

Già tra quelli oggi in circolazione ce ne sono, collegati soprattutto alla teoria delle categorie, che sembrano porre qualche difficoltà alla riduzione; tuttavia finora quelli riluttanti avevano a che fare solo con la grandezza dell'ente, o con l'estensione dell'insieme corrispondente e si dovrebbero risolvere utilizzando anche la nozione più ampia di classe (collezioni equipotenti all'universo, e non contenute in nessun insieme).

Se si volesse affermare di più, ipotizzare cioè la riducibilità agli insiemi di tutti i concetti matematici concepibili in futuro, si dovrebbe avere una caratterizzazione di tutti i possibili concetti matematici, e se tale caratterizzazione fosse dominabile in una definizione dovrebbe in un certo senso essere già una riduzione (dell'idea di concetto matematico a questa definizione).

Tuttavia si possono produrre argomenti a favore del fatto che la teoria degli insiemi può essere una teoria fondamentale anche nel senso forte accennato. Ad esempio di potrebbe osservare che essa è strettamente collegata a una teoria logica dei concetti, o a una larga famiglia di possibili teorie dei concetti, attraverso l'associazione a ogni concetto della sua estensione (vale a dire l'insieme degli oggetti che cadono sotto il concetto) e quindi fintan-

---

[11] A. Tarski, "Sur les ensembles finis", *Fundamenta Mathematicae*, vol. 6, 1924, pp. 45–95.

[12] Si noti che con queste convenzioni di Tarski si può definire l'operazione $A \cup B$ – che egli scrive ancora $A + B$ – ma non $\cup A$. L'unione come definita dall'assioma dell'unione ha senso nella prospettiva che ogni cosa sia un insieme. Tarski potrà invece definire $\cup K$ e $\cup \mathcal{F}$.

to che una nozione matematica è un prodotto intellettuale dovrebbe essere riconducibile a una costruzione insiemistica.

Il problema tuttavia è di quelli che non saranno mai definitivamente chiusi con una posizione universalmente accettata (è, come direbbe un matematico, o uno scienziato positivista, un problema filosofico). Ci saranno periodi nei quali prevarrà l'una o l'altra posizione, secondo lo spirito del tempo.

2.2 Categorie

Diversa è la questione se la riducibilità della matematica al concetto di insieme sia giusta, nel senso di rispondere alle esigenze che la motivano, oppure insoddisfacente.

Una alternativa che è stata recentemente trovata e proposta alla teoria degli insiemi, in polemica con l'inadeguatezza teorica di quest'ultima, è quella delle categorie[13].

La teoria delle categorie ha, in alcuni suoi sostenitori, un'ambizione riduzionista, nel senso che tutta la matematica può essere svolta nel linguaggio categoriale. La base di tale linguaggio è la nozione di *morfismo*, indicato da una freccia

$$A \xrightarrow{f} B$$

dove A è il dominio di f, $\operatorname{dom}(f)$, e B il codominio di f, $\operatorname{cod}(f)$, e A e B sono *oggetti*.

Una categoria è una collezione di due tipi di enti primitivi disgiunti, morfismi e oggetti, ma questi sono subordinati ai morfismi. I morfismi si compongono, se il dominio dell'uno è uguale al codominio dell'altro:

$$A \xrightarrow{f} B \xrightarrow{g} C$$

con la composizione indicata da gf.

Vale la associatività della composizione di morfismi, e per ogni oggetto A l'esistenza dell'identità 1_A, elemento neutro della composizione.

Per illustrare le possibilità riduzionistiche della teoria delle categorie ricordiamo che i numeri naturali possono essere caratterizzati in termini categoriali nel seguente modo. L'oggetto "numeri naturali" è definito in categorie con opportune proprietà di chiusura (in particolare che abbiano un oggetto 1, detto terminale[14], tale che per ogni a esista un unico morfismo $a \rightarrow 1$); in

---

[13] Si veda F. W. Lawvere e S. H. Schanuel, *Teoria delle categorie: un'introduzione alla matematica*, Muzzio, Padova, 1994.

[14] Da non confondere con i morfismi identità 1_A. Il corrispondente termine insiemistico, se i morfismi sono pensati come funzioni, potrebbe essere $\{\emptyset\}$, o un qualunque singoletto.

queste l'oggetto "numeri naturali" è presentato come una coppia di morfismi
che coinvolgono un oggetto $\mathbb{N}$

$$1 \overset{o}{\longrightarrow} \mathbb{N} \overset{s}{\longrightarrow} \mathbb{N}$$

tali che per ogni coppia $1 \overset{x}{\longrightarrow} A \overset{f}{\longrightarrow} A$ esiste un unico h per cui

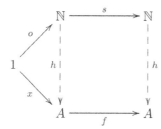

il diagramma è commutativo.

Le leggi categoriali si esprimono quasi sempre con un diagramma commutativo: un diagramma è commutativo se due qualunque percorsi diversi tra due oggetti qualsiasi sono uguali. In un diagramma le frecce continue indicano morfismi dati e frecce tratteggiate morfismi che esistono in funzione di quelli dati.

Nel diagramma per l'oggetto "numeri naturali" compaiono quelli che in termini intuitivi, o insiemistici, sono lo 0, individuato da $1 \overset{o}{\longrightarrow} \mathbb{N}$ come immagine di $\emptyset$ mediante o, se $1 = \{\emptyset\}$, e la funzione successore $\mathbb{N} \overset{s}{\longrightarrow} \mathbb{N}$.

Il diagramma condensa due proprietà sostanziali dei numeri naturali. Una è la minimalità di $\mathbb{N}$ tra i sistemi semplicemente infiniti (secondo la definizione di Dedekind). L'altra è il principio di ricorsione, dimostrato sempre da Dedekind per le funzioni ricorsive primitive (che poi si estende alle ricorsive).

Queste due proprietà risultano equivalenti, come si sapeva già dimostrare, per il semplice fatto che qui sono espresse dallo stesso diagramma. Il diagramma mostra però la loro equivalenza in modo evidente. Se, tornando al linguaggio insiemistico, pur con le notazioni categoriali, A è un insieme infinito con iniezione f e $a \notin \mathrm{im}(f)$, allora se $1 \overset{x}{\longrightarrow} A$ individua a, h stabilisce l'immersione di $\mathbb{N}$ in A. D'altra parte se si vuole definire una funzione h con le equazioni[15]

$$\begin{cases} h(0) & = a \\ h(s(x)) = f(h(x)) \end{cases}$$

il diagramma afferma che in corrispondenza ad a ed f esiste la desiderata $h\colon \mathbb{N} \to A$ che soddisfa le due equazioni.

Non si ha la stessa felice resa categoriale con tutti i concetti matematici, in particolare con quelli che vedremo oltre come tipici della teoria degli insiemi, gli ordinali e i cardinali, dove la versione categoriale è solo un faticoso ricalco di quella insiemistica.

---

[15] Vedremo in 4.2 l'importanza di questo tipo di definizione.

Nella impostazione categoriale viene del tutto naturale, e con notevoli vantaggi, la trattazione delle teorie algebriche. Le teorie algebriche studiano di fatto proprietà di operazioni, espresse dagli assiomi, quasi sempre in forma di equazioni. Si pensa di solito che gli assiomi parlino degli elementi di una struttura, ma in realtà parlano delle operazioni; è stato il rendersi conto di questo fatto, e che le proprietà delle operazioni sono le stesse in diverse situazioni dove i rispettivi elementi non hanno nulla a che vedere gli uni con gli altri, che ha permesso di elaborare i concetti algebrici e di presentare le teorie assiomatiche dell'algebra moderna. Queste teorie sono quindi adatte a una presentazione categoriale, in quanto le operazioni sono funzioni. Le uguaglianze si traducono nella commutatività di diagrammi.

Un monoide ad esempio, cioè una struttura con un'operazione binaria associativa e un elemento neutro, si può presentare come un oggetto con due morfismi

$$\circ\colon M \times M \longrightarrow M \quad \eta\colon 1 \longrightarrow M$$

dove η sceglie un elemento speciale di M (insiemisticamente, se η è una funzione, $\eta(0)$ è l'elemento neutro e). $M \times M$ è il prodotto opportunamente definito su oggetti (e su coppie di morfismi) corrispondente al prodotto cartesiano (si può pensare alla solita definizione insiemistica arricchita della felice rappresentazione diagrammatica, come vedremo oltre).

L'associatività si può esprimere con il seguente diagramma, chiedendo cioè che sia commutativo

$$
\begin{array}{ccc}
M \times M \times M & \xrightarrow{\ 1_M \times \circ\ } & M \times M \\
{\scriptstyle \circ \times 1_M}\big\downarrow & & \big\downarrow{\scriptstyle \circ} \\
M \times M & \xrightarrow{\quad \circ \quad} & M
\end{array}
$$

così come l'esistenza dell'elemento neutro con il seguente

$$
\begin{array}{ccccc}
1 \times M & \xrightarrow{\ \eta \times 1_M\ } & M \times M & \xleftarrow{\ 1_M \times \eta\ } & M \times 1 \\
& {\scriptstyle \lambda}\searrow & \big\downarrow{\scriptstyle \circ} & {\scriptstyle \rho}\swarrow & \\
& & M & &
\end{array}
$$

dove λ e ρ sono ovvi morfismi proiezioni.

Per avere un gruppo ora, un gruppo essendo un monoide con inverso, basta dire che si è nella categoria dei monoidi e che si considera un oggetto M con un morfismo $\zeta\colon M \longrightarrow M$ tale che il seguente diagramma commuti (dove δ è la diagonale):

$$
\begin{array}{ccccc}
M & \xrightarrow{\ \delta\ } & M \times M & \xrightarrow{\ 1_M \times \zeta\ } & M \times M \\
\big\downarrow & & & & \big\downarrow{\scriptstyle \circ} \\
1 & & \xrightarrow{\quad \eta \quad} & & M
\end{array}
$$

Il resto della struttura è implicito nel fatto che M è un oggetto della categoria dei monoidi.

La notazione delle frecce non è per nulla originale delle categorie; le frecce sono state introdotte, da poco tempo[16], per denotare funzioni insiemistiche; diagrammi come quelli di sopra possono essere e sono usati anche nel linguaggio insiemistico per sintetizzare le definizioni di monoide o di gruppo.

Se tuttavia ci liberiamo della ipoteca insiemistica e parliamo di morfismi, la stessa definizione ne condensa molte, al variare della categoria: nella categoria dei monoidi il diagramma di sopra definisce un gruppo, se siamo nella categoria degli spazi topologici lo stesso diagramma definisce un gruppo topologico, e se siamo nella categoria delle varietà differenziali il diagramma definisce un gruppo di Lie.

Sulla base di situazioni di questo tipo, e altre, i sostenitori delle categorie hanno iniziato a vederla come una teoria fondazionale nel senso tradizionale, una teoria a cui tutte le altre possono ricondursi.

Un'obiezione immediata è che per presentare le categorie, date da un insieme di morfismi e di frecce con opportune proprietà, occorre ancora una buona dose di linguaggio insiemistico, almeno nei preliminari, che tuttavia sono proprio quelli definitori.

Per evitare tale contaminazione, una possibilità è quella totalmente formale: gli assiomi generali per le categorie, che si possono scrivere in linguaggio logico esattamente come gli assiomi per gli insiemi, sono molto semplici, praticamente quelli dei monoidi. Si potrebbe pensare che corrispondano all'insiemistica. Quindi li si arricchiscono per individuare le categorie della pratica matematica. Ad esempio si postula che esista l'oggetto dei numeri naturali.

L'altra alternativa è quella di considerare il termine "insieme" di cui si fa uso come non matematico, ma come una potenzialità logica del linguaggio[17].

Mentre il concetto fondamentale della teoria degli insiemi, quello di "insieme" è del tutto spoglio, e vuoto di riferimenti matematici, quello di "morfismo" della teoria delle categorie è un concetto avanzato della matematica, elaborato solo in seguito allo sviluppo dell'algebra moderna, precisamente nella nozione di "omomorfismo".

Nel caso dei gruppi ad esempio, un omomorfismo è una funzione $f\colon G \longrightarrow H$ tra gruppi alla quale occorre aggiungere il requisito che conservi la "forma", cioè tale che (con un simbolismo trasparente)

$$\begin{cases} f(x \circ_G y) = f(x) \circ_H f(y) \\ f(e_G) = e_H \\ f(-_G x) = -_H f(x). \end{cases}$$

---

[16] Nel 1945 da W. Hurewicz.

[17] Siccome però la teoria degli insiemi esiste ormai come teoria matematica, sarà opportuno magari tornare al vecchio termine "classe", o a quello ancor meno matematizzato di "collezione".

Un morfismo, in una classe di strutture simili, è una applicazione che "conserva la struttura"[18], ma questa struttura non deve essere specificata in dettaglio, essa è incorporata nelle caratteristiche globali della categoria di riferimento ed è trasmessa dall'alto ai morfismi della categoria.

I categoristi riconoscono in questa visione la prosecuzione del processo che nel corso dell'Ottocento ha portato a rendere centrale in matematica il concetto di funzione, ma che sarebbe stato deviato verso una presentazione statica dalla loro versione insiemistica, e dalla prevalenza del linguaggio dell'appartenenza.

Ma per apprezzare il senso di una fondazione categoriale non occorre, e forse non bisogna pensare alla sua possibile funzione riduzionista.

Il linguaggio, grazie soprattutto a felici notazioni, induce un punto di vista diverso da quello insiemistico, distinguendo tra una considerazione locale e una globale, o tra una interna ed una esterna.

Consideriamo un esempio in dettaglio. L'unione di due insiemi X e Y si definisce insiemisticamente come

$$X \cup Y = \{x \colon x \in X \vee x \in Y\} \, .$$

Le proprietà dell'unione si dimostrano tutte inizialmente sulla base di questa definizione.

Tra l'altro, si arriva a dimostrare che $X \cup Y$ è il più piccolo insieme (rispetto a $\subseteq$) che contiene (nel senso di $\subseteq$) sia X sia Y, ossia soddisfa le tre condizioni:

$$X \subseteq X \cup Y \quad Y \subseteq X \cup Y$$
$$\forall Z(X \subseteq Z \wedge Y \subseteq Z \to X \cup Y \subseteq Z)$$

Ad esempio per $X \subseteq X \cup Y$ si ragiona in questo modo: se $x \in X$ allora per la legge logica $A \to A \vee B$ (con B qualunque) si ha $x \in X \vee x \in Y$. Analogamente, anche se in modo meno diretto, ma sempre basato su leggi logiche, si dimostra la terza parte.

La proprietà di minimalità è una proprietà globale nel senso che si riferisce a come si colloca $X \cup Y$ in relazione agli altri insiemi dell'universo, e non a cosa succede dentro a $X \cup Y$; essa può essere assunta come definizione, perché la condizione "il più piccolo . . ." individua un unico insieme: l'unione di X e Y è il più piccolo insieme che contiene sia X sia Y, ovvero l'unione di X e Y è l'insieme, denotato da $X \cup Y$, tale che $X \subseteq X \cup Y$, $Y \subseteq X \cup Y$ e per ogni Z tale che $X \subseteq Z$ e $Y \subseteq Z$ si ha $X \cup Y \subseteq Z$[19].

---

[18] Siccome gli insiemi non hanno struttura, i morfismi della categoria degli insiemi sono le solite funzioni.

[19] Per dimostrare che le due definizioni sono equivalenti occorre dimostrare che da quella globale segue che per ogni x, se $x \in X \cup Y$ allora $x \in X$ o $x \in Y$. Supponiamo che $x \in X \cup Y$ ma $x \notin X$ e $x \notin Y$. Consideriamo $(X \cup Y) \setminus \{x\}$ come Z. Allora $X \subseteq Z$ e $Y \subseteq Z$. Quindi dovrebbe essere $X \cup Y \subseteq (X \cup Y) \setminus \{x\}$, che è assurdo.

Se si usa una rappresentazione diagrammatica mediante frecce, pur restando in ambito insiemistico, dove le frecce indicano funzioni, la definizione si riassume in

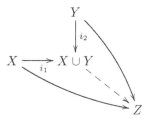

dove le immersioni $X \xrightarrow{i_1} X \cup Y$ e $Y \xrightarrow{i_2} X \cup Y$

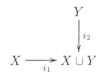

traducono le prime due condizioni, e il resto del diagramma

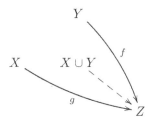

la terza.

Nell'impostazione categoriale, sulla base dello stesso diagramma, si dice che la costruzione dell'unione è una costruzione *universale*. Il significato di questa locuzione è che l'oggetto $X \cup Y$ e i due morfismi i_1 e i_2 sono dominanti rispetto a ogni altro oggetto Z in posizione analoga rispetto a X e Y, cioè tali che

$$X \xrightarrow{g} Z \quad \text{e} \quad Y \xrightarrow{f} Z.$$

L'intersezione, in modo analogo, è il più grande insieme che è contenuto in entrambi:

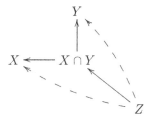

Nel caso del prodotto cartesiano, l'oggetto $X \times Y$ è dato con la coppia di proiezioni $\langle p_1, p_2 \rangle$ che è universale tra le coppie di funzioni da un insieme a X e Y perché ogni tale coppia $\langle f, g \rangle$ si fattorizza in modo unico attraverso la coppia $\langle p_1, p_2 \rangle$ e una funzione h:

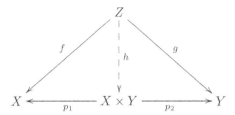

Altre costruzioni sono presentate con diagrammi finiti universali dello stesso tipo, che si chiamano in generale prodotti.

Perché sarebbero preferibili le definizioni categoriali? La differenza tra i due tipi di definizione è che nella prima si caratterizza un insieme attraverso condizioni sui suoi elementi, nella seconda attraverso condizioni sui suoi rapporti con altri insiemi.

Ne viene innanzi tutto un modo diverso di impostare ragionamenti e dimostrazioni. Nei discorsi sulle operazioni insiemistiche, con le definizioni usuali, si lavora con frasi del tipo $x \in X$, e quantificatori sugli elementi, e hanno un ruolo importante le regole logiche dei connettivi.

Ad esempio per dimostrare che $X \cup \emptyset = X$ si osserva che da una parte $X \subseteq X \cup \emptyset$ per la già dimostrata $X \subseteq X \cup Y$ e viceversa: se $x \in X \cup \emptyset$ allora $x \in X \vee x \in \emptyset$, ma $x \notin \emptyset$ per la regola logica del sillogismo disgiuntivo, quindi $x \in X$.

Questo tipo di argomenti logici presentano la difficoltà, anche psicologica, che mentre si vuole parlare di un livello (quello delle variabili maiuscole) le dimostrazioni devono scendere a un livello inferiore (quello delle variabili minuscole).

L'impostazione categoriale non è di per sé più semplice, quanto segue un ordine diverso. La proprietà $X \cup \emptyset = X$ ad esempio viene dal diagramma

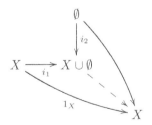

che si ottiene per specializzazione da quello della definizione.

In secondo luogo prescindendo dagli elementi si sposta lo studio a un livello di generalità maggiore.

Si noti che le definizioni categoriali proposte dipendono da una caratterizzazione delle operazioni a cui si è giunti sulla base della definizione insiemistica e con dimostrazioni relative a quelle definizioni. Quindi in un certo senso la teoria degli insiemi è adeguata e permette sia la considerazione locale che quella globale. I categoristi non lo negano.

Essi tuttavia insistono che ogni qual volta si arrivi a un punto di vista superiore, questo deve diventare il nuovo punto di partenza, la definizione di base, in vista di una trattazione di maggior generalità. Tale è la filosofia che forse voleva essere espressa dallo strutturalismo, ma che questo non è riuscito a realizzare.

2.3 Strutturalismo

La teoria degli insiemi può fungere da teoria fondamentale anche in una prospettiva non riduzionista, o addirittura esplicitamente anti-riduzionista. Un esempio è dato dall'organizzazione della matematica secondo gli *Eléments* di Bourbaki, nella quale la teoria degli insiemi svolge la funzione di teoria quadro, che è diverso da teoria riduzionista.

Gli *Eléments* presentano una nuova definizione di matematica, che negli anni Cinquanta è stata dominante e ha avuto un'influenza decisiva per alcuni decenni sia sulla ricerca sia sulla riforma dell'insegnamento, oltre a grande risonanza culturale anche fuori della matematica. La matematica nella prospettiva di Bourbaki è studio di strutture, e gli oggetti della matematica sono strutture. Queste sono in parte ereditate dalla storia, o individuate implicitamente nella matematica esistente, in parte costruite per organizzare la grande mole di nuova matematica (strutture madri e strutture miste).

Bourbaki ha avuto molti meriti e una notevole importanza: è riuscito a presentare la proteiforme matematica moderna come un'impresa unitaria con un obiettivo ben caratterizzato e che "fa onore allo spirito umano"; generazioni di matematici si sono formati secondo la sua impostazione. Le critiche che gli sono state rivolte quando è passato di moda si riferiscono di solito ad aspetti esterni, anche se alla lunga deleteri, come ad esempio l'aver trascurato le applicazioni, e una rigidità monolitica paralizzante nei confronti di nuove linee di ricerca.

Ma con il dovuto rispetto bisogna dire che Bourbaki fa un incredibile miscuglio di tutte le versioni peggiori delle idee fondazionali. Egli pone all'inizio del suo trattato, e dell'architettura della matematica che vuole costruire, la teoria degli insiemi. Il suo intento tuttavia non è riduzionista, non gli interessa, per dire, costruire geneticamente i reali[20] (come si diceva al tempo dell'aritmetizzazione), quanto caratterizzarli come un campo ordinato completo, cioè attraverso gli assiomi.

L'unica definizione di struttura disponibile nella prima metà del secolo era tuttavia che una struttura è un insieme dotato di operazioni e relazioni

---

[20] Cioè dire, poniamo, che ogni reale è una successione di Cauchy di razionali.

(a loro volta insiemi), o di famiglie di sottoinsiemi. Per definire tale concetto si usa il linguaggio insiemistico e la riduzione delle relazioni a insiemi di coppie ordinate; il ruolo della teoria degli insiemi si esaurisce con questa definizione, anche se naturalmente qualche altro concetto di origine insiemistica trova posto nell'esposizione degli *Eléments* di risultati classici, ad esempio quello di "numerabile", oppure le operazioni sulle strutture (unioni, prodotti, limiti).

Lo studio delle strutture non è che la versione semantica del metodo assiomatico, con maggiore, o esclusiva enfasi sui modelli e sulle relazioni di soddisfacibilità e di conseguenza. Un gruppo è una struttura con un'operazione binaria, una unaria e un elemento speciale che soddisfano alcune condizioni – che sono quelle espresse dagli assiomi dei gruppi.

La semantica è facilmente esprimibile nella teoria di Zermelo-Fraenkel, e anche solo in Z. Ma a Bourbaki non interessa la semantica per qualche motivo filosofico, come potrebbe essere il privilegiamento del pensiero geometrico o contenutistico su quello formale, al contrario: "seguendo la formula di Bourbaki, ciascuno è libero di pensare ciò che vuole sulla 'natura' degli enti matematici o sulla 'verità' delle teorie che utilizza, a patto che i suoi ragionamenti si possano trascrivere nel sistema di Zermelo-Fraenkel"[21].

Tale disinteresse, eco evidente del principio di tolleranza del neopositivismo, si sposa con il più radicale formalismo e con il ribaltamento della funzione della teoria degli insiemi: non più una teoria di base per il riduzionismo, bensì la grammatica del formalismo.

La tolleranza si accompagna al privilegiamento esclusivo e immotivato di ZF, arbitra della matematicità in base solo alla scrittura, senza una *arrière pensèe* che il linguaggio possa anche condizionare il pensiero.

Queste riserve riguardano le dichiarazioni programmatiche e la realizzazione dell'opera di sintesi degli *Eléments*. Qualcuno sostiene che tali dichiarazioni siano state abusivamente imposte da Jean Dieudonné (1906–1992), ma esse sono solo l'espressione infelice di una posizione che vorrebbe essere alternativa non solo al riduzionismo ma a tutte le concezioni fondazionali che derivano dalla fine dell'Ottocento.

Lo strutturalismo si vorrebbe cioè proporre come filosofia della matematica in base a una diversa concezione della natura dell'impresa fondazionale, subordinata a una nuova concezione della matematica. L'impresa fondazionale dovebbe consistere solo nella presa d'atto della maturazione storica della matematica tra la fine dell'Ottocento e gli anni Trenta del ventesimo secolo. In tale prospettiva i fondamenti dovrebbero esprimere la coscienza che i matematici hanno del loro lavoro e l'orizzonte entro il quale si elaborano gli strumenti della costruzione della matematica.

Il concetto di struttura è in effetti emerso progressivamente ed è diventato il catalizzatore di una nuova consapevolezza sulla natura della mate-

---

[21] J. Dieudonné, *Les grandes lignes de l'évolution des mathématiques*, IREM Paris-Nord, Paris, 1980.

matica. Soprattutto nell'algebra, a partire dalle nozioni di "gruppo" e di "corpo", agli oggetti familiari se ne sono sostituiti nuovi e astratti la cui essenza era costituita dalle proprietà fondamentali di quelli tradizionali. Per individuarle, ci si stacca dagli oggetti e ci si occupa delle loro relazioni o, come si dice, della loro struttura. Il lavoro di Dedekind sull'algebra, seguito e sviluppato dalla sua allieva Emmy Noether (1882–1935), ha introdotto nuovi concetti algebrici di grande e superiore generalità e capacità di unificazione.

La nuova matematica presenta un insieme di strategie e metodi che si esprimono bene in una visione strutturalista. L'algebra moderna[22] è gerarchizzata in una classificazione quasi biologica, anche se regolata da fenomeni di subordinazione logica[23]. L'insieme delle strutture presenta legami espressi da idee molto feconde, come quella di estensione (ad esempio da un dominio di integrità al suo campo delle frazioni) o quella generalissima di omomorfismo. Tali nozioni oltre a essere efficaci presentano anche un carattere di universalità, di indipendenza dalle teorie algebriche considerate. L'algebra genera nuovi strumenti indipendenti dagli enti ai quali si applica.

L'algebrista moderno non lavora all'interno di un sistema numerico, non calcola con i numeri, calcola con oggetti che sono strutture.

Il metodo assiomatico il cui manifesto programmatico[24] ha preceduto di poco l'algebra moderna aveva ed ha lo stesso intento di generalità e universalità, solo che forse le parole dello strutturalismo sono più accattivanti, sembrano avere uno spessore maggiore, e nascondono il formalismo soggiacente. Il metodo assiomatico poi, se inteso in modo formale, ha sempre lo stesso modo di promuovere un nuovo concetto a oggetto matematico, quello di elencare le sue proprietà in un sistema di assiomi: non ha la possibilità di codificare la specificità di una costruzione o di un modo di guardare alle particolari situazioni; mancano apparentemente gli strumenti per la connessione tra le diverse teorie, almeno finché (o perché) non si prendono in considerazione i risultati dell'analisi logica delle teorie[25]. Bourbaki ha cercato di aggiungere al metodo assiomatico una organizzazione superiore, un legame tra le teorie che, isolate nella loro impostazione assiomatica, potrebbero anche dare l'impressione di un pluralismo non coordinato.

Inoltre Bourbaki ha portato il nuovo spirito e la nuova impostazione dall'algebra alla matematica più in generale, anche se l'invasione era già in atto.

---

[22] Il titolo dell'importante e fortunato libro-manifesto di Bartel van der Waerden (1903–1996) del 1930.

[23] La gerarchia, diventata l'indice dei testi di algebra, costituita da semigruppi, gruppi, gruppi abeliani, anelli, domini d'integrità, corpi, campi è formata aggiungendo progressivamente o nuove operazioni o nuove proprietà delle operazioni.

[24] Nelle opere di Hilbert, Federigo Enriques (1871–1946), Henri Poincaré (1854–1912) alla fine dell'Ottocento.

[25] Il capitolo relativo della logica matematica, che stabilisce il legame con lo strutturalismo, si chiama appunto "metamatematica dell'algebra".

Dopo il 1958[26] tuttavia il Bourbakismo è entrato in crisi, accusato da una parte di aver favorito la ricerca di generalità ed astrazione fini a se stesse, dall'altro di non essere stato abbastanza coraggioso e non aver inglobato l'ulteriore livello di astrazione proposto dalla teoria delle categorie, queste sì incompatibili con una grammatica insiemistica.

La vera limitazione consiste nel fatto che Bourbaki si è limitato a organizzare quelle strutture che erano naturali per il programma orginario, che era quello di scrivere un trattato moderno di analisi. Le teorie madri di Bourbaki sono quelle algebriche, di ordine e topologiche. Il fascicolo degli *Eléments* dedicato alla teoria degli insiemi e al concetto di struttura esce solo nel 1957. Nel frattempo naturalmente i membri del gruppo si erano dedicati ad altre ricerche, ma questo ritardo significa che di fatto Bourbaki non ha mai analizzato e approfondito il concetto di struttura in sé, si è limitato a santificare quelle che già si erano imposte. Si potrebbe concludere che Bourbaki si è basato solo sul proprio presente, e la sua architettura non contiene i germi di una ulteriore evoluzione.

La vicenda dello strutturalismo è istruttiva per chi si vuole interessare di fondamenti, in quanto insegna a prestare attenzione agli sviluppi reali della matematica, ma anche ammonisce sulla illusorietà del tempo: tutti hanno la tendenza a confondere il presente con quello della propria giovinezza, o a pensare che il fiume si fermi. Lo sviluppo dei fondamenti ora potrebbe deviare in altre direzioni, influenzate dalla rivoluzione informatica, anche se a tutt'oggi non è stata elaborata una nuova prospettiva che contraddica teoricamente quella assiomatica.

Ma dobbiamo tornare agli insiemi, con la consapevolezza che ci sono due aspetti, quello matematico e quello fondazionale. Non ha assolutamente senso affrontare il secondo, posto che se ne dia voglia, occasione o opportunità, senza conoscere il primo.

---

[26] Un anno critico per il gruppo, che doveva prendere decisioni strategiche su come proseguire la stesura del trattato.

Seconda parte

3
La teoria

Un'aurea massima ammonisce che, in ogni campo, chi insegna deve conoscere molto di più di quello che deve insegnare, e deve anche essere capace di colmare qualche lacuna e di elaborare autonomamente elementi della teoria nel caso si trovi di fronte a domande o proposte o reazioni impreviste.

Non è tanto questione di un "sapere che non è mai abbastanza" quanto di familiarità con gli enti e con le forme di ragionamento tipiche.

L'aspetto fondazionale della teoria degli insiemi nell'insegnamento attuale è molto diluito, e del tutto falsato: si riduce al linguaggio di base, diventato con Bourbaki il linguaggio della matematica. Diamo qui per scontato che lo si padroneggi, vale a dire che si conoscano le notazioni e le proprietà elementari dell'algebra dei sottoinsiemi di un insieme, e le notazioni e le definizioni relative alle relazioni e alle funzioni[1]; fanno parte del lessico matematico, e per quanto male si sia studiato all'università, lo si è appreso. Al massimo si può non sapere come, in che ordine dipendano da quali assiomi, e se si presenterà l'occasione lo preciseremo, per la soddisfazione di chi legge. Ma si appaga così forse solo la curiosità di vedere come da pochi principi nasca tutta la teoria, e quindi tutta la matematica, un fenomeno certamente interessante e filosoficamente importante, ma di rilievo più metamatematico che matematico.

Oltre a tutto premettere una introduzione poco più che terminologica costituirebbe un blocco, come insegna l'esperienza; si finirebbe per non andare mai oltre, vuoi per esaurimento (e si rivivrebbe l'esperienza della fatica e della noia degli studenti con le espressioni) vuoi venendo a illudersi che lì sia la parte importante, e non si arriverebbe mai a quello che conta. Il linguaggio insiemistico dovrebbe essere separato dallo studio della teoria degli insiemi. Si faccia in altra occasione la fatica, se è tale, dell'apprendimento di questo linguaggio – non come un preliminare, ma nel corso dello studio delle funzioni, in

---

[1] Come abbiamo detto nell'introduzione, forse è tutto ciò che si intende con "insiemistica". Non discutiamo se e quando la si debba insegnare. Ma chiunque bazzichi con la matematica la deve conoscere.

analisi e algebra. Lo si accompagni eventualmente con quello categoriale. Attualmente bisogna dire che è fin eccessiva la somministrazione di insiemistica agli studenti, perché tutti i corsi del primo anno cominciano con l'ammannire ognuno il suo preliminare "linguaggio insiemistico", moltiplicando la noia e sprecando tempo che sarebbe meglio dedicare ad altro.

3.1 L'infinito

Il primo argomento con il quale occorre avere dimestichezza è il concetto di infinito, che non è certamente nato con la teoria degli insiemi[2], ma dal quale è nata la teoria degli insiemi[3]. Esso, per contrasto, getta luce anche su quello di finito.

Si ricordi la definizione di "infinito" data da Dedekind nel 1870 circa. Un insieme è infinito se esiste una iniezione propria (cioè non suriettiva) dell'insieme in sé. Per distinguerla da altre definizioni si dice anche che un insieme siffatto è *riflessivo*. Vedremo in seguito che è equivalente ad altre possibili definizioni.

Gli insiemi che consideriamo intuitivamente finiti non soddisfano la definizione.

Consideriamo per ora gli insiemi $\mathbb{N}_n = \{0, 1, \ldots, n-1\}$, con $\mathbb{N}_0 = \emptyset$, come tipici insiemi finiti. Sono quelli che si usano per contare gli insiemi finiti, ingenuamente, prima di iniziare a interrogarsi sulle definizioni.

Abbiamo allora

Teorema 1 Se $m > n$, non esiste una iniezione di $\mathbb{N}_m$ in $\mathbb{N}_n$.

Il teorema prende il nome di

Principio dei cassetti Non è possibile mettere m oggetti in $n < m$ cassetti senza che almeno un cassetto ne contenga almeno due[4],

e ha molte applicazioni in combinatoria.

Per vedere l'equivalenza, basta chiamare "contenuto del cassetto i-esimo" la controimmagine $f^{-1}(i)$ di una funzione $f: \mathbb{N}_m \longrightarrow \mathbb{N}_n$ che traduce il mettere un oggetto in un cassetto. $\square$

Il principio è ovvio, una volta formulato con la metafora dei cassetti, e nessuno che abbia acquisito qualche familiarità con i numeri si sognerebbe di dimostrarlo. Per dire che è ovvio tuttavia occorre come minimo enunciarlo, e quindi saper riconoscere che ha un ruolo. Dopo che lo si è enunciato

---

[2] In Occidente è nato con la filosofia greca. Si veda P. Zellini, *Breve storia dell'infinito*, Adelphi, Milano, 1980, per notizie sui più di due millenni di storia e metamorfosi di questa idea.

[3] Ma, paradossalmente, si potrebbe parlare esclusivamente in insiemistichese e non incontrare mai questa nozione.

[4] In inglese *pidgeonhole principle*.

bisogna o assumerlo come assioma o dimostrarlo. Nello sviluppo della prima aritmetica, converrà certamente assumerlo, insistendo sull'immagine dei cassetti. Quando una proprietà è evidente, la sua dimostrazione è in generale laboriosa, come lo è, relativamente, questa, sia pure soltanto nella distinzione dei vari casi.

Dimostrazione La dimostrazione è per induzione su n. L'induzione non è delle più semplici perché la formula da dimostrare per induzione su n contiene un quantificatore: $\forall m \neg \exists g (g \colon \mathbb{N}_m \hookrightarrow \mathbb{N}_n)$.

Base: $\mathbb{N}_0$ è $\emptyset$ e non esiste nessuna funzione da un insieme non vuoto nell'insieme vuoto[5].

Passo induttivo: Supponiamo vero per n che per ogni $m > n$ non esista un'iniezione di $\mathbb{N}_m$ in $\mathbb{N}_n$; supponiamo per assurdo che esista invece un $m > n + 1$ con un'iniezione di $\mathbb{N}_m$ in $\mathbb{N}_{n+1}$, chiamiamola g.

Siccome $\mathbb{N}_{n+1} = \mathbb{N}_n \cup \{n\}$, deve essere $n = g(i)$ per qualche $i < m$, altrimenti g sarebbe una iniezione di $\mathbb{N}_m$ in $\mathbb{N}_n$, mentre abbiamo detto che non ne esistono. g si presenta dunque in questo modo:

$g \colon \mathbb{N}_m \hookrightarrow \mathbb{N}_{n+1}$

Se $i = m - 1$, cioè

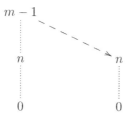

eliminiamo la coppia $\langle m-1, n \rangle$ e $g_1 = g \setminus \{\langle m-1, n \rangle\}$ risulta un'iniezione di $\mathbb{N}_{m-1}$ in $\mathbb{N}_n$, con $m - 1 > n$, contro l'ipotesi induttiva.

---

[5] Poiché $X \times \emptyset = \emptyset$ esiste solo una relazione tra X e $\emptyset$, la relazione vuota – $\emptyset$ è un insieme di coppie ordinate (e di qualsiasi altra cosa) perché è vero che per ogni x, se $x \in \emptyset$ x allora è una coppia, e per lo stesso motivo $\emptyset$ è una funzione – ma il dominio di $\emptyset$ inteso come una funzione è $\emptyset$, non X.

Altrimenti, cioè se $n = g(i)$ con $i < m - 1$, prima scambiamo tra di loro i valori attribuiti da g a i e a $m - 1$, lasciando invariate le altre frecce, passando cioè da

g a g_1

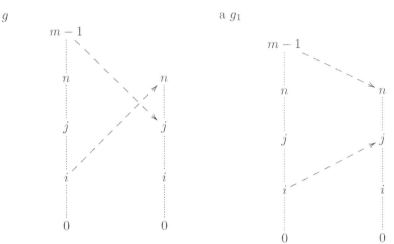

ed eliminiamo $m - 1$ col suo nuovo valore n, vale a dire la coppia $\langle m-1, n \rangle$; consideriamo cioè g_2 così definita: $g_2(i) = j$, e $g_2(h) = g_1(h) = g(h)$ per ogni altro $h < m - 1$, $h \neq i$:

$g_2 \colon \mathbb{N}_{m-1} \hookrightarrow \mathbb{N}_n$

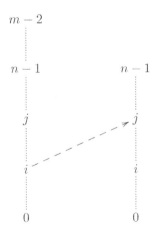

g_2 risulta un'iniezione di $\mathbb{N}_{m-1}$ in $\mathbb{N}_n$, con $m - 1 > n$, contro l'ipotesi induttiva. $\square$

Corollario 2 Non esiste una iniezione propria di $\mathbb{N}_n$ in sé.

Dimostrazione Supponiamo che esista $f \colon \mathbb{N}_n \hookrightarrow \mathbb{N}_n$ non suriettiva. Se $n - 1 \notin \operatorname{im}(f)$ allora $f \colon \mathbb{N}_n \hookrightarrow \mathbb{N}_{n-1}$, contro il teorema.

Se $n - 1 \in \text{im}(f)$, e $n - 1 = f(j)$, sia $i \notin \text{im}(f)$, che esiste per ipotesi,

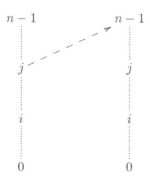

e si definisca f_1 ponendo $f_1(j) = i$ e $f_1(h) = f(h)$ per $h < n - 1, h \neq j$.
Allora $f_1 \colon \mathbb{N}_n \hookrightarrow \mathbb{N}_{n-1}$, contro il teorema. $\square$

Il corollario significa che gli insiemi $\mathbb{N}_n$ non sono riflessivi, cioè non sono infiniti secondo la definizione di Dedekind.

La caratteristica definitoria del "finito" di non essere iniettabile propriamente in se stesso potrebbe sembrare a prima vista astrusa, rispetto alla abitudine a considerare finito un insieme i cui elementi si possono contare. Ma quest'ultima non dice nulla, mentre la non iniettabilità di $\mathbb{N}_n$ in sé è collegata a proprietà intuitive e importanti nel processo di apprendimento, e costringe a farle emergere: ad esempio il teorema spiega il fatto che in qualunque modo si conti un insieme finito si arriva sempre allo stesso numero. Infatti se esistesse una iniezione g di $\mathbb{N}_m$ in $\mathbb{N}_n$, con $m > n$, e se contando gli elementi di un insieme a partire da 0 si fosse arrivati a $m - 1$, usando tutto $\mathbb{N}_m$, si potrebbe contarli di nuovo assegnando a ogni oggetto il numero $i < n$ tale che $g(j) = i$ dove j è il numero attribuito all'oggetto nel precedente conteggio, e si arriverebbe a contare al massimo solo fino a $n - 1$.

Tra l'altro portare l'attenzione sugli $\mathbb{N}_n$ è un elemento di chiarezza; sono i segmenti iniziali dei numeri, non i numeri, che servono per contare.

3.2 Numeri naturali, buoni ordini e induzione

La dimostrazione del principio dei cassetti l'abbiamo data senza preoccuparci del suo posto nello sviluppo della teoria, e delle conoscenze che presuppone; osserviamo ora che, oltre ad assumere come noti i numeri naturali, essa è una dimostrazione per induzione, una forma dimostrativa che abbiamo dato per scontato che fosse familiare, ma non lo è, non è una regola logica, e ora è bene discuterla.

Il principio dei cassetti è una proprietà degli insiemi finiti, ed è dimostrabile solo con l'induzione (o equivalenti). Il principio di induzione è una caratteristica essenziale di $\mathbb{N}$, o meglio della sua definizione. Quest'ultima è una conseguenza immediata della definizione di infinito, e l'induzione è quindi anch'essa collegata all'infinito, anzi è la prima forma sotto cui lo si incontra, magari senza saperlo.

Dato che per l'assioma dell'infinito

$$\exists x\, (\emptyset \in x \wedge \forall y\, (y \in x \to y \cup \{y\} \in x))\,,$$

si fissi un $X_0{}^6$ tale che

$$\emptyset \in X_0$$

e

$$\forall y\, (y \in X_0 \to y \cup \{y\} \in X_0)\,,$$

e si consideri

$$\bigcap \{Y \subseteq X_0 \colon \emptyset \in Y \wedge \forall y\, (y \in Y \to y \cup \{y\} \in Y)\}\,.$$

Di tali Y ce ne è almeno uno, X_0 stesso[7].

L'insieme intersezione di $\{Y \subseteq X_0 \colon \emptyset \in Y \wedge \forall y (y \in Y \to y \cup \{y\} \in Y)\}$ è per definizione $\mathbb{N}$.

Dire che un insieme X è l'intersezione di tutti gli Y che hanno una certa proprietà P, quando l'intersezione ha ancora la proprietà P[8], è un modo di esprimere in modo preciso la descrizione di X come il più piccolo insieme che ha la proprietà P.

Con "X è il più piccolo" s'intende infatti che se Y è un insieme che ha la proprietà P allora $X \subseteq Y$:

$$\forall Y (P(Y) \to X \subseteq Y)$$

e $\bigcap$ corrisponde a $\forall$ nella traduzione tra classi e logica[9]. Più esplicitamente, se $X = \bigcap\{Y \colon P(Y)\}$, allora $X \subseteq Y$ per ogni Y tale che $P(Y)$; viceversa, se $X \subseteq Y$ per ogni Y tale che $P(Y)$ allora $X \subseteq \bigcap\{Y \colon P(Y)\}$, e se $P(X)$ allora $X = \bigcap\{Y \colon P(Y)\}$.

---

[6] Usiamo una lettera maiuscola solo per aiutare visivamente la concentrazione dell'attenzione su questi insiemi, rispetto a quelli che sono loro elementi e che fungono da numeri; è una parziale concessione alla distinzione tra insiemi e atomi, come spiegato nel capitolo 2.

[7] Quindi l'intersezione è ben definita. Il rilievo non è una concessione gratuita alle idiosincrasie dei modi di esposizione matematica. Si ricordi che $\bigcap a$ è $\{x \colon \forall y \in a\ (x \in y)\}$; se $a = \emptyset$ verrebbe la classe universale V, o se c'è una limitazione agli elementi di un contesto U verrebbe comunque U, non quello che ci si aspetta.

[8] Questo succede ad esempio se la proprietà P consiste, come nel caso attuale, nel contenere come elemento un dato insieme e nell'essere chiusi rispetto a una funzione.

[9] La locuzione "più piccolo" è stata usata in precedenza nella discussione della proprietà universale dell'unione.

La proprietà considerata sopra è quella di contenere come elemento $\emptyset$ e di essere chiuso rispetto alla operazione $x \mapsto x \cup \{x\}$. Un insieme X è chiuso rispetto a una funzione F se per ogni $x \in X$ si ha $F(x) \in X$[10].

Dunque in questa versione riduzionista, $\mathbb{N}$ è il più piccolo insieme che contiene $\emptyset$ ed è chiuso rispetto alla funzione $x \cup \{x\}$, che si chiama successore e si abbrevia anche con $s(x)$: 0 è l'insieme $\emptyset$, la relazione di ordine $<$ coincide con $\in$ e risulta $n \subseteq \mathbb{N}$ e $n = \{m: m \in n\}$.

Veramente quello che abbiamo chiamato $\mathbb{N}$ sarebbe da denotare $\mathbb{N}_{X_0}$, perché il risultato sembra dipendere dall'X_0 fissato; ma se si parte da un altro Z tale che $\emptyset \in Z$ e $\forall y (y \in Z \to y \cup \{y\} \in Z)$ e si definisce $\mathbb{N}_Z$ nello stesso modo si ha che $\mathbb{N}_{X_0}$ e $\mathbb{N}_Z$ risultano uguali, e se si parte da uno Z e da una $f: Z \hookrightarrow Z$ con un qualsiasi $a \notin \mathrm{im}(f)$ al posto dello zero, risultano isomorfi.

Questo lo si vede solo dopo che si è dimostrato per $\mathbb{N}_{X_0}$, che ora chiamiamo per comodità $\mathbb{N}$, o meglio si è dimostrato che per ogni $\mathbb{N}_X$, il

Principio di induzione Per ogni $Y \subseteq \mathbb{N}$

$$\emptyset \in Y \wedge \forall y (y \in Y \to y \cup \{y\} \in Y) \to Y = \mathbb{N}$$

e soprattutto il

Principio di ricorsione Per ogni $Z \neq \emptyset$, ogni $g: Z \to Z$[11] e $a \in Z$, esiste una e una sola funzione $f: \mathbb{N} \longrightarrow Z$ tale che

$$\begin{cases} f(0) & = a \\ f(s(y)) = g(f(y)). \end{cases}$$

Ora discutiamo il principio di induzione[12]. Esso è ovvio dalla definizione di $\mathbb{N}$ perché dalle ipotesi su Y, cioè che $\emptyset \in Y \wedge \forall y (y \in Y \to y \cup \{y\} \in Y)$, segue che $\mathbb{N} \subseteq Y$, perché Y è uno degli insiemi che intervengono nella grande intersezione, e siccome si assume $Y \subseteq \mathbb{N}$ si ha $Y = \mathbb{N}$.

Dal principio di induzione segue il cosiddetto

Principio di induzione forte Per ogni $Y \subseteq \mathbb{N}$

$$\forall y (\forall z \in y (z \in Y) \to y \in Y) \to Y = \mathbb{N}.$$

Dimostrazione Assumiamo l'antecedente e dimostriamo $Y = \mathbb{N}$. Dato Y, si consideri $Y' = \{y \in \mathbb{N}: \forall z \in y (z \in Y)\}$. Dimostriamo per induzione che $Y' = \mathbb{N}$. Si vede subito che $\emptyset \in Y'$ perché $\forall z \in \emptyset (z \in Y)$; se $y \in Y'$, allora

---

[10] In altri contesti possono esserci varianti, ad esempio se F è definita sui sottoinsiemi di X si può chiedere che $F(Y) \subseteq X$ per $Y \subseteq X$.

[11] g può avere altri argomenti, o parametri, da Z o da $\mathbb{N}$, che saranno anche argomenti aggiuntivi per f, ma che non stiamo a mettere in evidenza.

[12] Il principio di ricorsione sarà considerato in seguito in particolare in 3.4 e 4.2.

gli elementi $z \in y$ appartengono a Y, quindi per l'antecedente $y \in Y$; ma allora tutti gli elementi di $y \cup \{y\}$ appartengono a Y, e quindi $y \cup \{y\} \in Y'$.

Per induzione, $Y' = \mathbb{N}$, ma allora anche $Y = \mathbb{N}$; infatti dato $y \in \mathbb{N}$ se si considera $s(y)$, che è tale che $y \in s(y)$, esso sta in $\mathbb{N}$, cioè in Y' e quindi $y \in Y$. $\square$

Il principio di induzione forte afferma che un insieme $Y \subseteq \mathbb{N}$ è uguale a tutto $\mathbb{N}$ se l'appartenenza di un qualunque elemento y a Y è forzata dal fatto che tutti gli elementi di y appartengono a Y. Nel principio di induzione si chiede che l'appartenenza a Y di un qualunque elemento y diverso da 0 sia forzata dal fatto che il predecessore di y appartenga a Y.

Se ora applichiamo alla formula del principio di induzione forte una semplice contrapposizione[13], e svolgiamo le sottoformule con ovvie leggi logiche[14], otteniamo

$$\forall Y (\mathbb{N} \setminus Y \neq \emptyset \to \exists y (y \in \mathbb{N} \setminus Y \land \forall z \in y(z \in Y))) \,.$$

Poiché Y è qualunque, si può sostituire nella formula a Y un insieme che sia un complemento, della forma $\mathbb{N} \setminus Y$, e otteniamo

$$\forall Y (Y \neq \emptyset \to \exists y (y \in Y \land \forall z \in y(z \in \mathbb{N} \setminus Y))) \,.$$

La scrittura abbreviata $\forall z \in y(z \in \mathbb{N} \setminus Y)$ sta per $\forall z(z \in y \to z \in \mathbb{N} \setminus Y)$, che usando di nuovo la contrapposizione equivale a $\forall z(z \in Y \to z \notin y)$, che a sua volta si abbrevia $\forall z \in Y(z \notin y)$.

Scrivendo $<$ per $\in$, e utilizzando il carattere totale dell'ordine (cioè che se $z \not< y$ allora $y \leq z$), si ottiene infine

Principio del buon ordinamento

$$\forall Y \subseteq \mathbb{N}(Y \neq \emptyset \to \exists y (y \in Y \land \forall z \in Y(y \leq z))) \,.$$

Il nome del principio deriva dal fatto che esso afferma che $<$ è un buon ordine di $\mathbb{N}$. Una relazione d'ordine totale su un insieme si dice *buon ordine* se ogni sottoinsieme non vuoto del campo ha un minimo.

Il principio del buon ordinamento si chiama perciò anche **principio del minimo** e ha innumerevoli utilizzazioni in aritmetica, quando si parla del minimo numero tale che ..., spesso senza quasi accorgersi che si sta facendo appello al vero principio costitutivo di $\mathbb{N}$.

Un'altra forma sotto la quale si fa appello al principio del buon ordinamento è il **principio della discesa finita**, per il quale ogni successione strettamente decrescente di numeri naturali è finita[15]; è il modo come l'induzione è stata, raramente, usata nell'antichità e fino a Pascal.

---

[13] La contrapposizione è la legge logica $(A \to B) \equiv (\neg B \to \neg A)$.

[14] In particolare si usa $\neg(A \to B) \equiv \neg B \land A$.

[15] In tutta la letteratura questo principio è chiamato "discesa infinita", ma ci rifiutiamo di aderire a simile incongruenza, di chiamare un principio con il nome di quello che il principio stesso afferma che non c'è.

Viceversa dal principio del buon ordinamento, rovesciando i passaggi, di pura logica, si ottiene l'induzione forte. Da questa tuttavia non segue il principio di induzione se non si aggiunge un'altra condizione. Infatti di insiemi bene ordinati infiniti ce ne sono altri, oltre a $\mathbb{N}$, ad esempio

e questo sarà proprio come vedremo l'inizio della teoria del transfinito. Per caratterizzare $\mathbb{N}$ a esclusione di altri buoni ordini infiniti occorre chiedere che non esistano elementi come l'ω sopra indicato che non sono successori di nessun elemento. Si può esplicitare la richiesta in una semplice formula

$$\forall x(x \neq 0 \rightarrow \exists y(x = s(y))),$$

che è conseguenza del principio di induzione, ma non di quello del buon ordinamento[16].

Per dimostrare allora l'induzione, assumendo l'induzione forte, si assume che Y soddisfi le due ipotesi (i) $\emptyset \in Y$ e (ii) $\forall y(y \in Y \rightarrow y \cup \{y\} \in Y)$ e si deduce $Y = \mathbb{N}$ da $\forall y(\forall z \in y(z \in Y) \rightarrow y \in Y) \rightarrow Y = \mathbb{N}$.

Per far questo, occorre allora derivare $\forall y(\forall z \in y(z \in Y) \rightarrow y \in Y)$. Per casi: se $y = 0$, allora l'antecedente di questa è soddisfatto, ma anche $\emptyset \in Y$, per la (i). Se $y \neq 0$, allora $y = s(u)$ per qualche u. Se tutti gli elementi di $s(u)$ appartengono a Y, anche $u \in Y$, ma allora per la (ii) $s(u) \in Y$, come volevasi dimostrare. $\square$

Il primo stadio nell'impegno di familiarizzare con la teoria degli insiemi è la padronanza dei numeri naturali in grande. Basta il piccolo sforzo di prestare attenzione alla definizione di infinito e di $\mathbb{N}$ e ci si ritrova, invece che a muoversi a fatica, pochi passi alla volta, dentro una giungla paurosa, perché infinita, ad avere nelle mani $\mathbb{N}$ come un oggetto semplice e maneggevole, del quale si possono dimostrare molte proprietà che a loro volta diventano tecniche dimostrative.

3.3 Definizioni induttive

Abbiamo definito $\mathbb{N}$ come il più piccolo insieme chiuso rispetto a certi dati (un elemento) e operazioni (il successore). Abbiamo poi è visto che $\mathbb{N}$ è la scala i cui gradini sono tutti gli n. Il procedimento si generalizza.

---

[16] In alcune presentazioni assiomatiche strutturalistiche i numeri naturali sono presentati come un insieme bene ordinato, invece che con l'assioma di induzione, ma non sempre è chiaro che deve essere aggiunto un nuovo assioma.

Se F è una funzione che a insiemi fa corrispondere insiemi[17], e X_0 un insieme, si può considerare

$I = $ il più piccolo insieme che contiene X_0 ed è chiuso rispetto a F.

Si ha dunque:

$$I = \bigcap \{X \colon X_0 \subseteq X \wedge \forall Y (Y \subseteq X \rightarrow F''Y \subseteq X)\}.$$

L'insieme I si dice definito *induttivamente* mediante F, con base X_0. Il motivo è il seguente.

Dati l'insieme X_0 e la funzione F, si ponga

$$\begin{cases} I_0 & = X_0 \\ I_{n+1} = I_n \cup F''I_n \end{cases}$$

e quindi

$$I = \bigcup_{i \in \mathbb{N}} I_n.$$

La definizione è giustificata dal principio di ricorsione, una successione essendo nient'altro che una funzione di dominio $\mathbb{N}$.

Si dice di nuovo, questa volta comprensibilmente, che I è definito induttivamente, o per induzione, mediante F, con base X_0[18].

I due tipi di definizione sono equivalenti, danno lo stesso insieme[19], e si dicono anche rispettivamente definizione dal basso (quella con l'unione) e definizione dall'alto (quella con l'intersezione).

Non dimostriamo l'equivalenza, ma l'idea è quella di far vedere due inclusioni: da una parte che l'insieme definito dal basso contiene X_0 ed è chiuso rispetto a F, quindi è uno di quelli che compaiono nell'intersezione[20]; dall'altra che ogni I_n della definizione dal basso è contenuto in ogni insieme che contiene X_0 ed è chiuso rispetto a F, e quindi l'insieme definito dal basso è contenuto in quello definito per intersezione.

Con la definizione induttiva dal basso si definiscono insiemi di elementi o strutture anche non numeriche, ma appoggiandosi ai numeri naturali per descrivere un processo a stadi della loro formazione.

---

[17] Tutte le funzioni hanno ovviamente questa caratteristica, visto che ogni ente è un insieme, la si enuncia solo per sottolineare che non si tratta di funzioni numeriche, ma qualunque.

[18] La clausola $I_n \cup F''I_n$ invece della più semplice $F''I_n$ caratterizza la versione *cumulativa* della definizione induttiva, che garantisce che $I_n \subseteq I_{n+1}$ per ogni n. F è una funzione qualunque, ma in generale si prende crescente, rispetto all'inclusione, nel senso che se $X \subseteq Y$ allora $F''X \subseteq F''Y$, e continua, rispetto all'unione, nel senso che "F della unione uguale unione degli F": $F'' \bigcup \{X_j \colon j \in J\} = \bigcup \{F''X_j \colon j \in J\}$.

[19] Per F crescente e continua.

[20] Il punto cruciale è far vedere che grazie alla continuità la chiusura rispetto a F è garantita dalla chiusura quando F è applicata a insiemi finiti.

Ad esempio l'insieme dei polinomi in x a coefficienti reali si può definire con

$$\begin{cases} P_0 & = \mathbb{R} \\ P_{n+1} = \{x \cdot p + c \colon p \in P_n, c \in \mathbb{R}\} \end{cases}$$

Gli elementi di P_0 sono i numeri reali, i polinomi di grado 0; quelli di P_1 sono i polinomi di grado 1 e quelli di grado 0 (per p uguale a 0), e così via. La definizione è automaticamente cumulativa e non c'è bisogno di porre $P_{n+1} = P_n \cup \{x \cdot p + c \colon p \in P_n, c \in \mathbb{R}\}$.

In pratica, spesso le definizioni induttive si presentano senza definire esplicitamente F ma descrivendo i suoi effetti come una costruzione di elementi, magari distinguendo diversi casi. Una tipica definizione induttiva si presenta come la seguente definizione dell'insieme $\mathcal{P}$ delle proposizioni.

L'alfabeto contenga il connettivo $\neg$ e un certo numero di connettivi binari, le parentesi destra e sinistra e un insieme di lettere $\mathcal{L}$. La definizione più concisa afferma che l'insieme delle proposizioni è il più piccolo insieme di parole dell'alfabeto che contiene le atomiche (parole della forma (p), dove p è una lettera) ed è chiuso rispetto alla introduzione dei connettivi. Essa viene scandita dal basso nel seguente modo:

Base: Se $p \in \mathcal{L}$, (p) è una proposizione.

Clausola induttiva 1: Se A è una proposizione, anche $(\neg A)$ lo è.

Clausola induttiva 2: Se $\bullet$ è un connettivo binario, e se A e B sono proposizioni, anche $(A \bullet B)$ lo è.

Clausola di chiusura (facoltativa, o implicita): Null'altro è una proposizione[21].

La tecnica delle definizioni induttive è utile perché non fornisce solo insiemi fondamentali come $\mathbb{N}$ ma insiemi e strutture di lavoro in ogni settore, in particolare come si è visto con l'esempio nella teoria dei linguaggi.

Come altro esempio, consideriamo la relazione $<$ in $\mathbb{N}$; questa è una relazione che non viene di solito assunta come primitiva[22]; nelle prime esperienze coi numeri, un numero è considerato maggiore di un altro se contando viene dopo e quindi, dal momento che per contare si aggiunge ogni volta 1, se si può raggiungere da questo aggiungendo *ripetutamente* 1. Ma "ripetutamente" significa un numero finito di volte. Questo "numero finito", come l'idea del ripetere (un numero finito di volte), applicato a numeri sarebbe circolare se non si fondasse su un percorso diverso, alla fine del quale l'uso del termine "numero finito" appare legittimo, ma anche superfluo.

---

[21] La clausola è facoltativa nella sua enunciazione, ma essenziale per l'interpretazione della definizione. Essa vuole significare che all'insieme delle proposizioni appartengono solo gli elementi che si ottengono iterando (un numero finito di volte, quindi con un riferimento alla definizione dal basso) le precedenti clausole.

[22] Si scopre a posteriori, si dimostra, dopo la definizione di $\mathbb{N}$, che $\in$ ristretta a $\mathbb{N}$ è un ordine totale, e si indica con $<$. $<$ non è primitiva neanche negli assiomi di Peano.

Dalla ripetizione del $+1$ si passa a un solo blocco con la definizione

$$x < y \leftrightarrow \exists z \neq 0 (x + z = y)\,.$$

che è quella normalmente usata nello sviluppo dell'aritmetica formale per la introduzione del simbolo $<$.

Questa definizione mostra come $<$ sia l'iterazione della relazione successore[23], dal momento che l'addizione è l'iterazione dell'operazione successore, come vedremo; l'equivalenza di sopra peraltro è piuttosto la introduzione logica di un simbolo, o la definizione di una formula, che a sua volta definisce la relazione, che non la definizione della relazione come insieme.

La relazione $<$, come insieme di coppie ordinate, si può definire come la *chiusura transitiva* della relazione successore $S = \{\langle x, s(x)\rangle\colon x \in \mathbb{N}\}$.

La chiusura transitiva di una relazione S è la più piccola relazione che estende S ed è transitiva; se scriviamo

$$\text{Trans}(R) \quad \text{per} \quad \forall x, y, z (\langle x, y\rangle \in R \wedge \langle y, z\rangle \in R \to \langle x, z\rangle \in R)\,,$$

e $\text{TC}(S)$ per "chiusura transitiva di S" allora

$$\text{TC}(S) = \bigcap \{R\colon S \subseteq R \text{ e Trans}(R)\}\,.$$

L'intersezione non è fatta sull'insieme vuoto, perché esiste sempre almeno una R soddisfacente le condizioni richieste, ad esempio la relazione totale.

Anche la chiusura transitiva di S ammette in generale una definizione induttiva dal basso, data da

$$\begin{cases} I_0 & = S \\ I_{n+1} = I_n \cup \{\langle x, y\rangle\colon \exists z (\langle x, z\rangle \in I_n \wedge \langle z, y\rangle \in S)\}\,, \end{cases}$$

e

$$\text{TC}(S) = \bigcup_{n \in \mathbb{N}} I_n\,.$$

Nel caso della relazione $<$ si ha

$$\begin{cases} I_0 & = \{\langle x, s(x)\rangle\colon x \in \mathbb{N}\} \\ I_{n+1} = I_n \cup \{\langle x, s(y)\rangle\colon \langle x, y\rangle \in I_n\} \end{cases}$$

e $I = <$, che mostra sotto un'altra luce ancora come $<$ sia l'iterazione della relazione "successore" (che è la base I_0).

La chiusura transitiva è un concetto molto comune, o implicitamente presente. Esso mostra che tutti gli usi, in contesti anche colloquiali, delle dizioni "e così via", "eccetera" per intendere il ripetere un numero finito di volte, si

---

[23] Anche se il successore è una funzione, conviene considerarla una relazione per applicare le considerazioni seguenti che appartengono alla teoria generale delle relazioni.

appoggiano allo stesso principio che genera i numeri. Il che significa che è difficile fare a meno del (principio del) numero, anche fuori dall'ambito tecnico del contare.

Se ad esempio si considera la relazione "genitore di", la sua chiusura transitiva è la relazione di antenato, e per "figlio di" quella di discendente. In un grafo, la chiusura transitiva delle frecce dà i cammini da un nodo a un altro.

Quando si definiscono le proposizioni come visto sopra, si definisce anche contemporaneamente "sottoproposizione immediata" ponendo che A sia la sottoproposizione immediata di $(\neg A)$ e che A e B siano le sottoproposizioni immediate di $(A \bullet B)$. Le sottoproposizioni di una proposizione sono poi le sottoproposizioni delle sottoproposizioni delle . . . della proposizione. I puntini, l' "ecc.", esprimono "un numero finito di volte" (finito in questo caso è implicito perché la discesa termina).

In modo più preciso, possiamo dire che a relazione "B è una sottoproposizione di A" è la chiusura transitiva della relazione "B è una sottoproposizione immediata di A".

Data una definizione induttiva dall'alto, si trova sempre che ammette anche una definizione dal basso, con una stratificazione in livelli, che permette di fare dimostrazioni per induzione. L'argomento sarà ripreso dopo la discussione approfondita della dimostrazione per induzione nel capitolo 4.

3.4 Ordinali

Per studiare l'infinito occorrono strumenti, e gli strumenti matematici per eccellenza sono i numeri. Ma quali numeri? Dall'estensione all'infinito si vede – vedremo – che esistono due specie di numeri diversi, gli ordinali e i cardinali. I due concetti sono presenti anche nella trattazione dei numeri usuali, ma individuano solo una diversa funzione del numero; invece nel caso infinito risultano proprio estensionalmente diversi.

I numeri ordinali sono stati concepiti come tipi d'ordine degli insiemi bene ordinati. Due sono i concetti da chiarire, quello di "tipo" e quello di "buon ordine".

La funzione degli ordinali, nell'utilizzo che voleva farne Cantor, quando ha immaginato lo stadio ω dopo tutti i naturali, e la prosecuzione $\omega + 1, \ldots$, era quella di permettere definizioni ricorsive che generalizzassero quelle sui naturali.

In effetti l'interesse del concetto di buon ordine è quello di permettere definizioni ricorsive generalizzate, anche se i matematici lo conoscono e tendono a usarlo solo per il principio del minimo, e gli informatici per quello della discesa finita.

Se $\langle X, \prec \rangle$, è un buon ordine, vale a dire un insieme totalmente ordinato da $\prec$ e tale che ogni $Y \subseteq X, Y \neq \emptyset$, ha un $\prec$-minimo, allora è possibile definire una nuova funzione F su X, a partire da una data funzione G, assegnando a ogni $x \in X$ come valore $F(x)$ quello che si ottiene applicando G all'insieme dei valori di F per argomenti precedenti (rispetto a $\prec$) x. Dovrebbe essere evidente che si tratta di una generalizzazione del teorema di ricorsione per $\mathbb{N}$.

Teorema 3 Per ogni funzione $G\colon \mathscr{P}(Z) \longrightarrow Z$, esiste una e una sola funzione $F\colon X \longrightarrow Z$ tale che per ogni $x \in X$

$$F(x) = G(\{F(y)\colon y \prec x\}).^{24}$$

Il teorema si chiama anch'esso teorema di ricorsione, e si dimostra come il teorema di ricorsione per $\mathbb{N}$, del quale parleremo in 4.2, notando che in esso interviene di $\mathbb{N}$ solo il carattere totale dell'ordine e il principio del minimo. L'idea è la seguente: l'unicità segue dal fatto che se due funzioni che soddisfano l'equazione sono diverse, c'è un primo elemento del dominio, bene ordinato, sul quale differiscono, ma questo contrasta con l'equazione definitoria se su tutti i valori precedenti le due funzioni sono uguali. Per l'esistenza, si considerano le funzioni che soddisfano l'equazione ma il cui dominio è un segmento iniziale di X, cioè del tipo $\{y \in X\colon y \prec x\}^{25}$. Sempre per l'unicità, due di queste coincidono sulla parte comune del loro dominio, per cui si può fare l'unione e si ha ancora una funzione. $\square$

La funzione F ovviamente si dice definita ricorsivamente a partire da G, o ricorsiva in G^{26}.

Con "tipo d'ordine" si intende qualche ente associato a insiemi bene ordinati in modo che due ordini isomorfi abbiano lo stesso tipo. Un isomorfismo tra due insiemi ordinati $\langle X_1, \prec_1 \rangle$ e $\langle X_2, \prec_2 \rangle$ è una biiezione $F\colon X_1 \longrightarrow X_2$ che conserva l'ordine, cioè tale che se $x \prec_1 y$ allora $F(x) \prec_2 F(y)$. Il tipo in particolare può essere un rappresentante della classe di equivalenza di ordini tra loro isomorfi, se possibile un rappresentante particolarmente significativo.

Nella riduzione insiemistica si vuole che gli ordinali siano insiemi bene ordinati da una particolare relazione, quella di appartenenza[27], come succede

---

[24] Esistono varianti e generalizzazioni non essenziali, ad esempio la G data può essere $G\colon \mathscr{P}(Z) \times X \longrightarrow Z$ con $F(x) = G(\{F(y)\colon y \prec x\}, x)$, oppure $G\colon \mathscr{P}(Z) \times Z \times X \longrightarrow Z$ con $F(x,z) = G(\{F(y)\colon y \prec x\}, z, x)$, o ancora invece dell'insieme $\{F(y)\colon y \prec x\}$ si considera la restrizione $F \restriction x$ con l'equazione ricorsiva $F(x) = G(F \restriction x)$, e simili.

[25] Ce ne sono, perché le prime, finite, si costruiscono a mano, ad esempio se x_0 è il minimo di X la funzione di dominio $\{x_0\}$ è $\{\langle x_0, G(\emptyset) \rangle\}$.

[26] La terminologia purtroppo non è del tutto uniforme. Le definizioni induttive del paragrafo 3.3 sono anch'esse definizioni per ricorsione; di solito si riserva "induzione" per le dimostrazioni e "ricorsione" per le definizioni, ma con eccezioni nel caso delle definizioni. Le definizioni di insiemi, come quelle di 3.3 le chiameremo induttive, e le definizioni di funzioni, come nel teorema di sopra, ricorsive.

[27] Con questa locuzione si intende sempre la restrizione $\in \restriction x^2 = \{\langle y,z \rangle \in x \times x\colon y, z \in x\}$, come anticipato nella nota 5 della Prefazione.

per i numeri naturali. Si vuole inoltre che un segmento iniziale di un ordinale sia ancora un ordinale, quindi se x è un ordinale e $y \in x$, y deve essere un ordinale; se non è $\emptyset$ e $z \in y$, z deve essere un ordinale. Siccome la relazione d'ordine tra ordinali deve essere transitiva, $z \in x$. Gli ordinali devono dunque essere insiemi *transitivi* cioè tali che gli elementi dei loro elementi siano loro elementi, che si esprime in modo succinto con

$$\cup x \subseteq x\,.$$

Poiché infine $\in \restriction x^2$ deve essere un ordine totale di x, gli insiemi x devono essere *connessi*, cioè tali che se $y, z \in x$ e $y \neq z$ allora o $y \in z$ o $z \in y$.

Con considerazioni di questo genere si arriva alla definizione. La condizione del buon ordine sarebbe superflua, in quanto il principio del minimo segue dal fatto che la $\in$ è ben fondata – la buona fondatezza di una relazione diventa la condizione del buon ordine quando la relazione è totale, si veda sotto – ma la si usa menzionare ugualmente perché questa è la proprietà fondamentale. La definizione precisa tuttavia è che un ordinale è un insieme transitivo e connesso, molto più facile da trattare nelle dimostrazioni.

La formula che definisce gli ordinali e che abbrevieremo con $\mathrm{Ord}(x)$ è dunque

$$\cup x \subseteq x \wedge \forall y \forall z \in x(y \neq z \rightarrow y \in z \vee z \in y)\,.$$

Nel presentare l'assioma di fondazione

$$\forall x \exists y \in x \forall u(u \in y \rightarrow u \notin x)$$

si è detto che esso significa che l'appartenenza è ben fondata. Il senso intuitivo è che non è possibile che esistano catene discendenti infinite

$$\ldots \in x_2 \in x_1 \in x$$

né cicli

$$x \in x_n \in \ldots \in x_2 \in x_1 \in x$$

ma la definizione precisa[28] è che una relazione binaria si dice ben fondata se ogni sottoinsieme del suo campo ha un elemento minimale. Nel caso dell'appartenenza, per ogni x si considera la relazione

$$\{\langle a, b \rangle \colon a, b \in x \cup \{x\}, a \in b\}$$

e un elemento minimale y di questa relazione è un elemento di x, o x, tale che per nessun $u \in x$ si abbia $u \in y$.

Se una relazione R è un ordine totale, dal fatto che $\langle a, b \rangle \notin R$ segue che $\langle b, a \rangle \in R$ e l'elemento minimale diventa il minimo.

---

[28] In effetti equivalente, con l'assioma di scelta.

I numeri naturali n sono gli ordinali finiti[29], e sono

$$0 = \emptyset$$
$$1 = \emptyset \cup \{\emptyset\} = \{\emptyset\} = \{0\}$$
$$2 = \{\emptyset\} \cup \{\{\emptyset\}\} = \{\emptyset, \{\emptyset\}\} = \{0, 1\}$$
$$3 = \{\emptyset, \{\emptyset\}\} \cup \{\{\emptyset\}, \{\emptyset\}\} = \{0, 1, 2\}$$
$$\vdots$$
$$n = \{0, \ldots, n-1\}$$
$$\vdots$$

$\mathbb{N}$ è il primo ordinale infinito, in questa veste denotato preferibilmente con ω:

$$\omega = \{0, 1, \ldots, n, \ldots\}$$

Con $s(\omega) = \omega \cup \{\omega\}$ la serie continua nel transfinito[30]; inoltre

Teorema 4 Dato un qualunque insieme di ordinali, esiste un ordinale maggiore di tutti gli elementi dell'insieme.

Dato un insieme X di ordinali, è sufficiente considerare $\cup X$ e verificare che è un ordinale α, che risulta maggiore o uguale a ogni elemento di X; se non appartiene a X, α è l'ordinale cercato; se appartiene a X, cosa che succede se X ha un massimo, si prende $\alpha \cup \{\alpha\}$. $\square$

A parte l'utilità tecnica frequente, il teorema afferma che gli ordinali formano una classe, e non un insieme. Si tratta di una classe definibile, attraverso la definizione $\mathrm{Ord}(x)$.

Si noti l'analogia con $\mathbb{N}$, o meglio la generalizzazione di $\mathbb{N}$: gli elementi di $\mathbb{N}$ sono tutti finiti, mentre $\mathbb{N}$ è infinito, e non esiste una iniezione di $\mathbb{N}$ in nessun $n \in \mathbb{N}$. Così ciascun ordinale è un insieme, mentre la totalità degli ordinali non è un insieme, e non è possibile che gli ordinali siano mandati iniettivamente in un ordinale[31].

La relazione $<$ tra ordinali è sempre $\in$, come per i naturali, ed è connessa (due ordinali qualunque sono confrontabili, uno dei due elemento dell'altro se diversi). Risulta ancora, come per i naturali, che per ogni ordinale α,

$$\alpha = \{\beta \colon \mathrm{Ord}(\beta) \wedge \beta \in \alpha\}.$$

Per gli ordinali, si usano in generale come variabili le lettere greche $\alpha, \beta, \ldots$, sicché diventa superfluo scrivere come sopra $\mathrm{Ord}(\beta)$.

---

[29] Lo abbiamo dimostrato che sono finiti, visto che ora $\mathbb{N}_n = n$.

[30] $s(\omega)$ risulterà uguale a $\omega + 1$ quando si estenderà la definizione di somma a tutti gli ordinali.

[31] Una classe non può essere mandata iniettivamente in un insieme per l'assioma di rimpiazzamento, applicato alla inversa dell'ipotetica iniezione.

3.5 Cardinali

I numeri cardinali sono definiti scegliendo un particolare rappresentante nelle classi di equivalenza determinate dalla relazione di equipotenza.

Si definisce "A equipotente a B", e si scrive $A \sim B$, se esiste una biiezione tra A e B. La relazione $\sim$ è una relazione di equivalenza. Inoltre è facile verificare proprietà come:

1. se $A \sim C$ e $B \sim D$ e se A e C sono disgiunti e se B e D sono disgiunti, allora $A \cup B \sim C \cup D$,
2. se $A \sim C$ e $B \sim D$, allora $A \times B \sim C \times D$.

Sarebbe improprio tuttavia parlare di classi di equivalenza come se fossero insiemi; la relazione stessa di equipotenza non è un insieme, ma una relazione definibile (da una formula con due variabili) e il cui campo è esteso come l'universo[32]. La formula che definisce l'equipotenza è, con qualche abbreviazione,

$$x \sim y \leftrightarrow \exists f \quad (f \text{ è una biiezione} \wedge \operatorname{dom}(f) = x \wedge \operatorname{im}(f) = y).$$

Per ogni insieme A, gli insiemi equipotenti ad A formano una classe propria; questo è abbastanza intuitivo e plausibile, ma formalmente, per ogni ordinale α l'insieme $\{\alpha\} \times A = \{\langle \alpha, y \rangle \colon y \in A\}$ è equipotente a A.

Il numero cardinale di A, che si indica in generale $|A|$ o $\operatorname{card}(A)$, non si definisce quindi come la classe di equivalenza degli insiemi equipotenti ad A ma scegliendo un particolare rappresentante di questa classe, precisamente il più piccolo ordinale equipotente ad A.

Si stabilisce in questo modo anche un collegamento tra ordinali e cardinali. Si noti che lo stesso problema della definizione delle classi di equivalenza si presenterebbe per la definizione degli ordinali, in assenza dell'assioma di fondazione. Le classi di equivalenza rispetto alla relazione di similitudine tra ordini, definita per mezzo di biiezioni che conservano l'ordine sarebbero coestese con l'universo. L'assioma di fondazione semplifica drasticamente la trattazione, permettendo di scegliere una particolare relazione d'ordine.

Si dice che la cardinalità di A è minore o uguale alla cardinalità di B, e si scrive $|A| \leq |B|$, anche se non esiste un oggetto come "la cardinalità", di A, se esiste una iniezione di A in B, e si dice che $|A| < |B|$ se $|A| \leq |B|$ ma $|A| \neq |B|$.

Lo studio della cardinalità è uno studio sulla esistenza di funzioni. Quante più funzioni esistono, tanto più facilmente gli insiemi sono confrontabili rispetto alla cardinalità. L'assioma di scelta afferma l'esistenza di funzioni anche in casi in cui non sono definibili. Esso in effetti è equivalente (ma non

---

[32] Come per $\in$ discussa sopra, forse per evitare confusioni sarebbe bene usare la terminologia fornita dalla logica, e parlare di predicati, invece che di relazioni, ma ci sono controindicazioni anche alla proliferazione dei termini.

lo dimostriamo) alla affermazione che per due insiemi qualunque A e B o esiste una iniezione $A \hookrightarrow B$ o esiste una iniezione $B \hookrightarrow A$, da cui segue che o $|A| \leq |B|$ o $|B| \leq |A|$.

La confrontabilità di due insiemi qualunque quanto a cardinalità sembra una proprietà naturale e desiderabile, almeno rispetto alle intuizioni più ingenue degli insiemi; con la cardinalità espressa per mezzo di iniezioni, la confrontabilità comporta che l'universo è connesso, nel senso che due insiemi qualunque sono collegati da una funzione; questa proprietà costituisce una delle più forti giustificazioni dell'assioma di scelta.

La notazione $|A| \leq |B|$ con il segno per "minore o uguale" si giustifica se $\leq$ ha nel caso delle cardinalità le proprietà degli ordini parziali, o dei preordini. In effetti si ha l'importante istruttivo risultato che se esiste $A \hookrightarrow B$ ed esiste $B \hookrightarrow A$ allora esiste una biiezione tra A e B, che implica:

Teorema 5 (Teorema di Cantor-Schröder-Bernstein)

$$ \text{Se} \quad |A| \leq |B| \quad \text{e} \quad |B| \leq |A| \quad \text{allora} \quad |A| = |B| \,. $$

Con la confrontabilità garantita dall'assioma di scelta, e con il teorema di Cantor-Schröder-Bernstein – che non richiede l'assioma – si ha dunque che dati due insiemi qualunque A e B, o $|A| < |B|$ o $|B| < |A|$ o $|A| = |B|$. Questa legge è detta *tricotomia*. Essa è in realtà equivalente all'assioma di scelta.

Il teorema di Cantor-Schröder-Bernstein è uno di quei teoremi che invitano alla ricerca di diverse dimostrazioni, perché non è affatto ovvio, pur nella sua desiderabilità. Non è ovvio che i principi della teoria offrano gli strumenti per confermarlo. Di fatto ogni dimostrazione mette in luce un diverso elemento di plausibilità, ma lascia insoddisfatti per qualche altro aspetto. La questione è come dimostrare definire la biiezione, se definibile, o se mostrarne l'esistenza in modo non costruttivo.

Presentiamo tre dimostrazioni che permettono di proporre qualche utile commento in sintonia con la nostra trattazione. Il lettore che non ha voglia di impegnarsi con attenzione può passare direttamente alla terza.

Prima dimostrazione Una prima dimostrazione è basata sull'idea di provare che se un insieme è propriamente compreso tra due insiemi della stessa cardinalità, cioè in corrispondenza biunivoca tra loro, ha anch'esso la stessa cardinalità.

Supponiamo che $f \colon A \hookrightarrow B$ e $g \colon B \hookrightarrow A$ siano le due iniezioni assunte per ipotesi, e supponiamo che nessuna delle due sia suriettiva, altrimenti non c'è nulla da dimostrare. Se $A_1 = g''B$, allora $A_2 = g''(f''A)$ è tale che $A_2 \subsetneq A_1 \subsetneq A$ e $A = (A \setminus A_1) \cup (A_1 \setminus A_2) \cup A_2$ è una partizione di A in tre insiemi disgiunti e tali che $A \sim A_2$.

Allora basta provare in generale che se $A \cup B \cup C \sim C$, dove A, B e C sono disgiunti, allora $A \cup B \cup C \sim B \cup C$. Infatti nel nostro caso si avrebbe $A \sim (A_1 \setminus A_2) \cup A_2 = A_1$ e siccome $A_1 \sim B$ via g^{-1}, $A \sim B$.

Siano allora dati A, B e C con una $f\colon A \cup B \cup C \hookrightarrow C$ biiettiva,

A	B	C

che manda A biunivocamente in un $A_1 \subseteq C$ e B biunivocamente in un $B_1 \subseteq C$, A_1 e B_1 disgiunti:

A	B			C
A	B	A_1	B_1	C

Si può continuare applicando f a A_1 e B_1

A	B				C	
A	B	A_1	B_1			
A	B	A_1	B_1	A_2 B_2		R

e così via, in modo che C venga ripartito negli insiemi disgiunti A_n e B_n, ponendo $A = A_0$ e $B = B_0$, oltre a un eventuale resto $R = C \setminus (\bigcup A_n \cup \bigcup B_n)$.

Ogni A_n è mandato biunivocamente da f sopra A_{n+1}. Una biiezione h tra $A \cup B \cup C$ e $B \cup C$ si ottiene allora ponendo

$$h(x) = \begin{cases} f(x) & \text{se } x \in A_n \text{ per qualche } n \\ x & \text{se } x \in R \text{ o } x \in B_n \text{ per qualche } n. \end{cases} \;\square$$

Seconda dimostrazione Supponiamo che $f\colon A \hookrightarrow B$ e $g\colon B \hookrightarrow A$ siano le due iniezioni assunte per ipotesi, e supponiamo di nuovo che nessuna delle due sia suriettiva, altrimenti non c'è nulla da dimostrare. Facciamo vedere che si possono scomporre A in $A_1 \cup A_2$, con $A_1 \cap A_2 = \emptyset$ e B in $B_1 \cup B_2$, con $B_1 \cap B_2 = \emptyset$ in modo che

$$B_1 = f''A_1 = \operatorname{im}(f \upharpoonright A_1) = \{f(z)\colon z \in A_1\}$$

e

$$A_2 = g''B_2 = \operatorname{im}(g \restriction B_2) = \{g(z) \colon z \in B_2\}\,.$$

Allora si potrà definire una biiezione $h \colon A \longrightarrow B$ ponendo

$$h(x) = \begin{cases} f(x) & x \in A_1 \\ g^{-1}(x) & x \in A_2\,, \end{cases}$$

e la dimostrazione sarà conclusa.

Diciamo che $x \in A$ è estendibile se $x \in \operatorname{im}(g)$ e $g^{-1}(x) \in \operatorname{im}(f)$ e in tal caso poniamo $x^* = f^{-1}(g^{-1}(x)) \in A$.

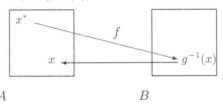

Per ogni $x \in A$ si può quindi definire una successione, finita o infinita

$$\begin{cases} x_0 = x \\ x_{n+1} = x_n^* & \text{se } x_n \text{ estendibile}\,, \end{cases}$$

e x_{n+1} indefinito altrimenti.

Un $x \in A$ si dirà infinitamente estendibile se x_n esiste per ogni n, e finitamente estendibile se x_n esiste solo fino a un $k \geq 1$.

Sia ora A_1 l'insieme degli $x \in A$ che sono infinitamente estendibili oppure non lo sono perché per qualche n, eventualmente $n = 0$, $x_n \notin \operatorname{im}(g)$.

$A_2 = A \setminus A_1$ è allora l'insieme degli $x \in A$ finitamente estendibili ma tali che, per qualche $n > 1$, $x_n \in \operatorname{im}(g)$ ma $g^{-1}(x_n) \notin \operatorname{im}(f)$.

Sia $B_1 = f''A_1$ e $B_2 = B \setminus B_1$. Resta solo da dimostrare che $A_2 = g''B_2$.

$g''B_2 \subseteq A_2$: se $x \in B_2$ allora $x \notin f''A_1$; se addirittura $x \notin f''A$, allora $g(x) \in A_2$ perché $g^{-1}(g(x)) = x \notin \operatorname{im}(f)$; se invece $x \in f''A$, e quindi $x \in f''A_2$, sarà $x = f(z)$ per qualche $z \in A_2$; ma se z è estendibile fino a z_n con $z_n \in \operatorname{im}(g)$ ma $g^{-1}(z_n) \notin \operatorname{im}(f)$ anche $g(x)$ è estendibile fino a $g(x)_{n+1} = z_n$ con $g(x)_{n+1} \in \operatorname{im}(g)$ ma $g^{-1}(g(x)_{n+1}) \notin \operatorname{im}(f)$, e quindi $g(x) \in A_2$.

$A_2 \subseteq g''B_2$: se $x \in A_2$, x è $g(g^{-1}(x))$ e basta far vedere che $g^{-1}(x) \in B_2$. Se fosse $g^{-1}(x) \in B_1$, $g^{-1}(x)$ sarebbe $f(z)$ per qualche $z \in A_1$; ma allora anche x, che è tale che $x_1 = z$, sarebbe in A_1.

Praticamente applichiamo g^{-1} agli $x \in A$ tali che

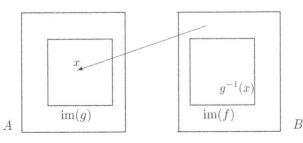

o a quelli tali che

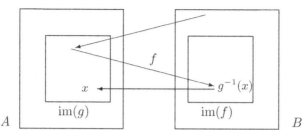

(eventualmente con un numero maggiore di passaggi con g^{-1} e f^{-1}), e invece f a tutti gli altri. $\square$

L'idea di questa dimostrazione è quella di distinguere gli elementi di A a seconda di come si comportano iterando il passaggio avanti e indietro mediante le iniezioni date e le loro inverse. A_1 è l'insieme di quegli elementi di A per cui questo avanti e indietro continua all'infinito oppure si ferma in A, A_2 l'insieme di quelli per cui l'avanti e indietro si ferma in B.

La prima dimostrazione invece lavora non sui singoli elementi ma considerando l'azione in grande di f e g su sottoinsiemi.

Entrambe le dimostrazione sono ingegnose ma non del tutto soddisfacenti per il seguente motivo: esse richiedono l'uso dei numeri naturali, con il teorema di ricorsione nella definizione delle successioni $\{A_n\}$ o $\{x_n\}$. Vero è che noi abbiamo già definito $\mathbb{N}$, e abbiamo usato ad esempio l'induzione nella dimostrazione del Teorema 1, ma la trattazione della teoria della cardinalità ha senso anche prima di introdurre i numeri naturali, anzi in una impostazione rigorosa dovrebbe proprio precederla, per definire in base ad essa i numeri cardinali, finiti o infiniti che siano. La teoria della cardinalità, di cui il teorema di Cantor-Schröder-Berstein è un pilastro, non deve dipendere dall'assioma dell'infinito, e non ne dipendeva in Cantor.

Ma a parte questioni di priorità e precedenza nella costruzione della teoria, le dimostrazioni proposte non sono eleganti, sempre a causa del loro uso dei numeri naturali, per una ragione di purismo. Il vero insiemista studia solo insiemi ma non è un riduzionista; per lui, o lei, i concetti di ordine e di numero non sono fondamentali come riteneva Zermelo, o non devono essere considerati sullo stesso piano della manipolazione dell'appartenenza; sono concetti strutturati. Più che definirli, li si vuole evitare[33], facendo tutto con pure considerazioni insiemistiche. Vedremo in seguito un problema analogo con la nozione di ordine.

In cosa consiste questo atteggiamento, che non è facilmente precisabile dal punto di vista formale, lo si intuisce da una terza dimostrazione che invece soddisfa in pieno i criteri estetici dell'insiemista. Non a caso tuttavia, in questo caso la biiezione non risulta esplicitamente definibile.

---

[33] Non solo nel senso filosofico di *explaining away*, ma nella pratica.

Terza dimostrazione Come prima, si vogliono scomporre $A = A_1 \cup A_2$, con $A_1 \cap A_2 = \emptyset$ e $B = B_1 \cup B_2$, con $B_1 \cap B_2 = \emptyset$ in modo che $B_1 = f''A_1$ e $A_2 = g''B_2$, per definire la biiezione h come sopra.

Si consideri allora la funzione $F \colon \mathscr{P}(A) \longrightarrow \mathscr{P}(A)$ definita per $X \subseteq A$ da

$$F(X) = A \setminus g''(B \setminus f''X) \,.$$

Se esiste un $X \subseteq A$ tale che $F(X) = X$ la conclusione è immediata: si pone $A_1 = X$ e quindi $A_2 = A \setminus A_1$, $B_1 = f''A_1$ e $B_2 = B \setminus B_1$. Resta da dimostrare che $A_2 = g''B_2$, ma questo segue senza calcoli sugli elementi da

$$X = F(X) = A \setminus g''(B \setminus f''X)$$

perché

$$A_2 = A \setminus X = g''(B \setminus f''X) = g''(B \setminus B_1) = g''B_2 \,.$$

Per completare la dimostrazione resta solo da provare che F ha un *punto fisso*, come si chiamano gli elementi X del dom(F) per cui $F(X) = X$. Questo segue dal seguente lemma generale, o *Teorema del punto fisso*, le cui ipotesi sono soddisfatte dalla F sopra considerata, come si potrà verificare con qualche calcolo. $\square$

Si dice che una funzione F in un insieme parzialmente ordinato $\langle A, \preceq \rangle$ conserva l'ordine se $x \preceq y \to F(x) \preceq F(y)$[34].

Lemma 6 (Tarski) Sia $\langle A, \preceq \rangle$ un ordine parziale tale che ogni $B \subseteq A$ abbia estremo superiore; se $F \colon A \longrightarrow A$ è una funzione che conserva l'ordine, allora F ha almeno un punto fisso.

Dimostrazione del lemma Si consideri l'insieme $Y = \{x \in A \colon x \preceq F(x)\}$ e sia z il suo estremo superiore. Allora per ogni $x \in A$, se $x \preceq F(x)$ si ha $x \preceq z$, quindi $F(x) \preceq F(z)$, e da questo si vede che $F(z)$ è un maggiorante dell'insieme Y, quindi $z \preceq F(z)$. D'altra parte da questa disuguaglianza segue anche $F(z) \preceq F(F(z))$, quindi $F(z) \in Y$ e allora $F(z) \preceq z$, da cui $F(z) = z$. $\square$

Le ipotesi su $\langle A, \preceq \rangle$ del lemma sono restrittive, ma essendo espresse in modo compatto richiedono di essere svolte per rivelare il loro importo; ad esempio A deve avere un $\preceq$-minimo, perché questo è l'estremo superiore dell'insieme vuoto. Analogamente deve avere un $\preceq$-massimo. Tuttavia queste osservazioni non sono necessarie per la dimostrazione.

Con il teorema di Cantor-Schröder-Berstein e la conseguente tricotomia si incominciano a intravedere per i cardinali proprietà che deve avere un sistema numerico.

---

[34] Nel caso del teorema l'ordine è $\subseteq$ e la F conserva l'ordine, come si verifica con qualche calcolo.

3.6 Ordinali e cardinali

I cardinali sono dunque, secondo la definizione, gli ordinali che non sono equipotenti a nessun ordinale minore, altrimenti non sarebbero il primo ordinale equipotente a un determinato insieme. Per questo motivo sono detti anche ordinali iniziali.

Gli ordinali finiti e ω sono iniziali, i primi per il Corollario 1, e ω perché, per lo stesso motivo, non esiste una iniezione di $\mathbb{N}$ in un n (ne esisterebbe anche una, la sua restrizione, di $n + 1$ in n). Lo abbiamo già ricordato prima, ma vale la pena di prendere nota, per richiami successivi, di questo fatto.

Lemma 7 Per ogni $n \in \mathbb{N}$, non esiste una iniezione di $\mathbb{N}$ in n. $\square$

L'ordinale $\omega + 1$, o $\omega \cup \{\omega\}$, invece

che ha come elementi ω e gli $n \in \omega^{35}$, non è un cardinale, è equipotente a ω. La dimostrazione consiste nella soluzione del problema dell'albergo di Hilbert, infinito, con una camera per ogni n, dove arriva un nuovo cliente (ω, quindi ora l'insieme dei clienti è $\omega + 1$), che non viene sistemato in una nuova stanza che non c'è, ma in una di quelle esistenti, nella prima ad esempio, spostando tutti i precedenti clienti[36].

Molti altri ordinali più grandi che si definiscono in modo naturale sono equipotenti a ω, ad esempio $\omega + \omega$. Questo è introdotto come estremo superiore dei valori di una funzione f definita da

$$\begin{cases} f(0) & = \omega \\ f(n+1) = f(n) + 1 \,, \end{cases}$$

estremo superiore che esiste per l'assioma di rimpiazzamento:

L'assioma di rimpiazzamento si può usare in questo caso direttamente applicandolo a f, oppure si può fare riferimento al Teorema 3 e al suo corollario che per ogni insieme di ordinali, esistendone uno maggiore di tutti quelli dati, esiste un primo[37] maggiore di tutti, che è l'estremo superiore del-

---

[35] Nella rappresentazione grafica, ogni ordinale indicato da un punto è l'insieme di tutti i punti alla sua sinistra.

[36] L'argomento è trattato in S. Lem, "L'hotel straordinario", in *Racconti matematici* (a cura di C. Bartocci), Einaudi, Torino, 2006, pp. 33–42.

[37] Non si può dire ingenuamente che la totalità di tutti gli ordinali è bene ordinata, ma solo perché non è un insieme; dato un qualsiasi insieme non vuoto di ordinali tuttavia, esiste il minimo. La dimostrazione del Teorema 3 ad ogni modo esibiva direttamente tale minimo ordinale maggiore di tutti quelli dati.

l'insieme – ma anche l'applicazione di questo teorema richiede l'assioma di rimpiazzamento, per affermare che im(f) è un insieme[38].

Il simbolo $+$ nella definizione di sopra e in $\omega + \omega$ è il simbolo per l'operazione di somma ordinale che sarà discusso più avanti.

$\omega + \omega$ è messo in corrispondenza biunivoca con ω assegnando a $2n$ l'ordinale n e a $2n + 1$ l'ordinale $\omega + n$.

Naturalmente continua

Siccome $\omega + \omega$ non è $s(\alpha)$ per nessun α, esso è un esempio di ordinale *limite*, così come ω, mentre $\omega + 1 = s(\omega)$ è un ordinale *successore*. Una terza classe di ordinali, né successori né limite, contiene solo $\emptyset$.

Le definizioni ricorsive su ordinali prendono in genere la forma della distinzione dei casi per le tre categorie di ordinali, zero, successore e limite, del tipo

$$\begin{cases} F(0) & = x_0 & \text{zero} \\ F(s(\alpha)) = G(\alpha) & & \text{successore} \\ F(\lambda) & = H\left(\{F(\zeta)\colon \zeta \in \lambda\}\right) & \lambda \text{ limite} \end{cases}$$

con la precisazione che F che viene definita per gli ordinali minori o uguali di un ordinale dato.

Quest'ultima restrizione è necessaria, per avere che F sia un insieme. Tuttavia al variare del confine superiore i valori di F sugli argomenti minori sono invarianti, sicché il confine – eventualmente spostabile all'insù in caso di necessità – tende a sparire, come se non ci fosse[39].

In particolare la somma ordinale, finora usata senza soffermarcisi sulla sua giustificazione, si introduce con la seguente definizione induttiva, immaginata ristretta a un qualunque ordinale ben maggiore di quelli che interessano, e uniforme rispetto al contesto:

$$\begin{cases} \alpha + 0 & = \alpha \\ \alpha + s(\beta) = s(\alpha + \beta) \\ \alpha + \lambda & = \sup\{\alpha + \beta\colon \beta \in \lambda\} \quad \lambda \text{ limite}\,. \end{cases}$$

L'operazione, che coincide con la somma usuale sui numeri naturali, richiederebbe un simbolo speciale, tipo $\oplus$, per distinguerla ad esempio dalla somma di cardinali, che vedremo oltre, ma il contesto di solito risolve le ambiguità.

---

[38] In Z si dimostra ugualmente l'esistenza di un ordinale come $\omega + \omega$ definendolo esplicitamente come buon ordine di $\mathbb{N}$ del tipo $0, 2, 4, \ldots 1, 3, 5 \ldots$.

[39] Così lavorando logicamente con le formule definitorie, le definizioni ricorsive si generalizzano anche alla classe di tutti gli ordinali, dove la funzione definita è una classe.

Piuttosto si presti attenzione al fatto che abbiamo evitato di scrivere $x + 1$ e siamo tornati alla originaria notazione $s(x)$, perché altrimenti sarebbe venuto

$$\begin{cases} \alpha + 0 & = \alpha \\ \alpha + (\beta + 1) = (\alpha + \beta) + 1 \\ \alpha + \lambda & = \sup\{\alpha + \beta \colon \beta \in \lambda\} \quad \lambda \text{ limite} \end{cases}$$

che pur essendo a posteriori giustificata non avrebbe senso come definizione (la seconda equazione), mancando formalmente sia il ripiego su un ordinale minore, sia il significato di "$+1$".

Una notazione classica per i cardinali è quella degli $\aleph$, leggesi *aleph*, con $\omega = \aleph_0$, e $\aleph_1$ il primo cardinale maggiore di $\aleph_0$. Anche questo lo si indica talvolta con ω_1, perché ω_1 indica nella teoria degli ordinali il primo ordinale infinito non equipotente a ω e la sua cardinalità è $\aleph_1$, per cui se si identificano i cardinali con gli ordinali iniziali, la notazione è corretta.

L'esistenza di questi due semplici soggetti, ω_1 e $\aleph_1$, è molto meno immediata di quella di ω. D'altra parte, tutti hanno sempre saputo che c'era $\mathbb{N}$, quindi per Cantor il difficile non è stato parlare di ω ma introdurre numeri più grandi, *in primis* $\aleph_1$, e per questo occorre sfruttare quasi tutte le potenzialità della teoria, per lo meno se lo si affronta a muso duro.

Per dimostrare l'esistenza di $\aleph_1$ si può fare appello prima al teorema di Cantor, che vedremo, che garantisce che per ogni insieme ne esiste uno di cardinalità maggiore; quindi, con l'assioma di scelta, al fatto che ogni insieme può essere bene ordinato (e quindi in particolare la definizione dei cardinali come ordinali iniziali è legittima); ne segue che i cardinali sono anch'essi bene ordinati (o almeno ogni insieme non vuoto di cardinali ha un minimo) e si può parlare del primo che ha cardinalità maggiore di $\aleph_0$, che è $\aleph_1$.

ω_1 può essere o l'ordinale che è $\aleph_1$, secondo la definizione dei cardinali, oppure la sua esistenza può essere introdotta direttamente come primo ordinale maggiore di tutti gli ordinali che hanno la cardinalità di ω, se esiste[40]. Gli ordinali che hanno la cardinalità di ω sono i tipi di buon ordine di buoni ordinamenti di ω.

Questa caratterizzazione di ω_1 prescinde in effetti dal teorema di Cantor, essendo un caso particolare del seguente teorema.

Teorema 8 (Teorema di Hartogs) Per ogni insieme X, esiste un ordinale che non è equipotente a nessun sottoinsieme di X.

Dimostrazione Si assuma per assurdo che ogni ordinale sia equipotente a qualche sottoinsieme di X. Ognuno, attraverso la biiezione, induce una relazione di buon ordine sul corrispondente sottoinsieme. Si associ a ogni ordinale α l'insieme delle coppie $\langle Y, R \rangle$ dove $Y \subseteq X$ e R è un buon ordine di Y

---

[40] Esiste perché gli ordinali che hanno la cardinalità di ω formano un insieme, ma questa proprietà rientra come caso particolare nella dimostrazione del prossimo teorema.

isomorfo ad α. Questo è un insieme, ma la corrispondenza descritta è iniettiva, quindi applicando il rimpiazzamento alla sua inversa la classe degli ordinali sarebbe un insieme. $\square$

$\aleph_1$ è quindi il cardinale dell'insieme di tutti i buoni ordini di ω.

Il teorema di Hartogs ha molte conseguenze nella parte più avanzata della teoria. Man mano che una teoria si sviluppa e si hanno maggiori relazioni tra enunciati, le dimostrazioni dipendono in modo meno diretto dagli assiomi e si può individuare ciò che è strettamente necessario per ottenerle.

$\aleph_2$ analogamente è il primo cardinale maggiore di $\aleph_1$, o il primo ordinale iniziale che è maggiore di ω_1.

Dopo $\aleph_1, \aleph_2, \ldots$, l'ordinale estremo superiore dell'insieme $\{\aleph_n : n \in \omega\}$ è un nuovo cardinale, che si denota con $\aleph_\omega$.

Generalizzando le considerazioni precedenti, per ogni ordinale α esiste un cardinale $\aleph_\alpha$, e l'applicazione $\alpha \mapsto \aleph_\alpha$ è strettamente crescente, e $|\alpha| \leq \aleph_\alpha$. Ma esistono α tali che $\alpha = \aleph_\alpha$.

I cardinali in genere si indicano con le lettere $h, k, \ldots$, con la relazione d'ordine denotata da $<$.

3.7 Il numerabile

Gli insiemi numerabili sono gli insiemi in corrispondenza biunivoca con $\mathbb{N}$, cioè quelli di cardinalità ω. Se un insieme è infinito e non numerabile si dice che è *più che numerabile*.

Per chiarirsi il concetto, la prima cosa da fare è vedere esempi e proprietà di chiusura della classe degli insiemi numerabili.

Un insieme si dice *contabile* se è o finito o numerabile. Sul concetto di "finito" torneremo in seguito; per ora si assuma che la definizione è che un insieme è finito se non è riflessivo, ma accettando che è equivalente dire che gli insiemi finiti sono quelli che hanno cardinalità finita, nel senso che sono equivalenti a un $n \in \omega$.

Il concetto di contabile si trova in tutte le esposizioni della teoria, e ci si deve adeguare all'uso, ma dare ad esso una posizione centrale è una scelta infelice, in quanto mette insieme due nozioni così diverse come finito e numerabile. Esso cumula le cardinalità minori di $\aleph_1$, o $\leq \aleph_0$, e quando si lavora in un ambiente più che numerabile è possibile che il cumulo sia utile e conveniente.

Si potrebbe definire un insieme X contabile se $|X| \leq \aleph_0$; si dimostrerebbe allora che un insieme X è contabile se e solo se è finito o numerabile.

Infatti, $|X| \leq \aleph_0$ significa che esiste una $f : X \hookrightarrow \mathbb{N}$. Si danno allora due casi: o l'immagine di f è limitata in $\mathbb{N}$ oppure no. Se è limitata, allora di fatto $f : X \hookrightarrow m$ per qualche m.

Basta allora dimostrare che per ogni m un qualunque sottoinsieme di m si può mettere in corrispondenza biunivoca con un $n \leq m$, da cui segue che l'immagine di f, e quindi anche X, è un insieme finito.

Per la sua importanza questa proprietà è bene enunciarla come un lemma a parte, che si vede facilmente essere equivalente all'affermazione che un sottoinsieme di un insieme finito è finito.

Lemma 9 Per ogni $m \in \mathbb{N}$, un sottoinsieme di m si può mettere in corrispondenza biunivoca con un $n \leq m$.

Dimostrazione del lemma Sia X un sottoinsieme di m. Definiamo una funzione $h\colon \mathbb{N} \longrightarrow m$ ponendo

$$\begin{cases} h(0) & = \text{il minimo di } X \\ h(i+1) = \begin{cases} \text{il primo elemento di } X > h(i) & \text{se esiste} \\ h(i) & \text{altrimenti} \end{cases} \end{cases}$$

Sia ora n il primo numero per cui $h(n) = h(n+1)$, che esiste altrimenti $\mathbb{N}$ sarebbe iniettabile in m. Allora X è in corrispondenza biunivoca con $n+1$. $\square$

Se invece, riprendendo il discorso, l'immagine di f è illimitata in $\mathbb{N}$, allora si definisce una biiezione $g\colon \mathbb{N} \longrightarrow \mathrm{im}(f)$ – che comporta per composizione di g e f^{-1} anche una biiezione tra $\mathbb{N}$ e X – ponendo $g(0)$ uguale al minimo dell'immagine di f e $g(n+1)$ uguale al primo elemento dell'immagine di f maggiore di $g(n)$.

Il viceversa risulta dalla dimostrazione del prossimo lemma. $\square$

Tuttavia la nozione compatta $|X| \leq \aleph_0$ deve quasi sempre essere scomposta nei due casi da trattare separatamente. Esistono strumenti per trattare questa nozione cumulativa, come il prossimo lemma, dove contabile significa finito o numerabile, ma la distinzione dei casi si ripropone nella dimostrazione.

Lemma 10 Per un insieme X, sono equivalenti:

(i) X è contabile;
(ii) o $X = \emptyset$ o esiste una funzione $f\colon \mathbb{N} \twoheadrightarrow X$ suriettiva;
(iii) esiste una funzione $f\colon X \hookrightarrow \mathbb{N}$ iniettiva.

Dimostrazione

(i) $\rightarrow$ (ii)   Se X è numerabile, esiste una biiezione con $\mathbb{N}$, che è anche suriettiva da $\mathbb{N}$ ad X. Se X è finito, allora o è vuoto, oppure esiste una biiezione con un m diverso da zero[41]. In questo caso esiste una $g\colon \mathbb{N} \twoheadrightarrow m$ definita ponendo $g(i) = i$ per $i < m$ e $g(j) = m - 1$ per $m \leq j$. Questa composta con la biiezione tra X e m dà la suriezione voluta.

(ii) $\rightarrow$ (iii)   Se X è vuoto, si può considerare $\emptyset$ come l'iniezione voluta. Se $f\colon \mathbb{N} \twoheadrightarrow X$, ad ogni $a \in X$ si associ il primo elemento di $\mathbb{N}$ tale che $f(n) = a$ e si ha l'iniezione voluta.

---

[41] Una biiezione esiste anche se X è vuoto, vale a dire $\emptyset$; ma non si può definire una suriezione $\mathbb{N} \twoheadrightarrow \emptyset$. Si ricordi che $f\colon X \longrightarrow Y$ significa che il dominio di f è X.

(iii) → (i) Lo abbiamo dimostrato nelle considerazioni precedenti il lemma. □

Il Lemma 10 dà gli strumenti per dimostrare il

Teorema 11 Valgono le seguenti proprietà[42]:

(i) se un insieme è infinito, contiene un sottoinsieme numerabile;
(ii) se un insieme è numerabile, ogni suo sottoinsieme è contabile (quindi
se infinito è numerabile);
(iii) se un insieme contiene un insieme infinito come sottoinsieme, allora
è infinito;
(iv) se A e B sono contabili, anche $A \cup B$ è contabile;
(v) se A e B sono contabili e uno almeno numerabile, anche $A \cup B$
è numerabile;
(vi) se A e B sono contabili, anche $A \times B$ è contabile;
(vii) se A e B sono contabili e uno almeno numerabile, anche $A \times B$
è numerabile;
(viii) se $\mathcal{F}$ è contabile e ogni elemento di $\mathcal{F}$ è contabile, anche $\cup \mathcal{F}$ è contabile[43];
(ix) se A è contabile, l'insieme delle successioni finite di elementi di A
è numerabile;
(x) se A è numerabile e B è finito, $A \setminus B$ è numerabile,
(xi) se $\{a_n\}_{n \in \mathbb{N}}$ è una successione, l'insieme dei termini della successione
$\{a_n : n \in \mathbb{N}\}$ è contabile. □

Queste proprietà si dimostrano facilmente, ma bisogna impadronirsene, anche
della loro dimostrazione, fino riuscire a giostrare con esse con la massima
disinvoltura, se si vuole capire l'infinito matematico.

Alcune sono immediate, ad esempio la (i):

Dimostrazione di (i) Se X è infinito, esiste una iniezione $f \colon X \hookrightarrow X$ non
suriettiva. Sia $a \notin \mathrm{im}(f)$. Definiamo una iniezione $g \colon \mathbb{N} \hookrightarrow X$ ponendo

$$\begin{cases} g(0) & = a \\ g(n+1) = f(g(n)) \end{cases}$$

e l'immagine di g è un sottoinsieme numerabile di X. □

Da queste proprietà e dalle costruzioni classiche dei sistemi numerici (a partire
da coppie di numeri naturali) segue quasi immediatamente come vedremo che
$\mathbb{Z}$ e $\mathbb{Q}$ sono numerabili. Ma una di esse è cruciale e propedeutica alle altre
e va dimostrata direttamente (per (vi) nel caso numerabile), cioè che $\mathbb{N} \times \mathbb{N}$
è numerabile.

---

[42] Alcune sono lasciate per esercizio, altre saranno dimostrate nel corso
dell'esposizione.
[43] Ci adeguiamo all'uso della lettera $\mathcal{F}$ per "famiglia", come abbiamo discusso sopra
a proposito del rifiuto inconscio del riduzionismo.

Bisogna definire esplicitamente una corrispondenza biunivoca tra $\mathbb{N} \times \mathbb{N}$ e $\mathbb{N}$. Si consideri la matrice infinita costituita da tutte le coppie $\langle m, n \rangle$:

$\langle 0,0 \rangle$	$\langle 0,1 \rangle$	$\langle 0,2 \rangle$	$\langle 0,3 \rangle$	$\langle 0,4 \rangle$	$\cdots$
$\langle 1,0 \rangle$	$\langle 1,1 \rangle$	$\langle 1,2 \rangle$	$\langle 1,3 \rangle$	$\langle 1,4 \rangle$	$\cdots$
$\langle 2,0 \rangle$	$\langle 2,1 \rangle$	$\langle 2,2 \rangle$	$\langle 2,3 \rangle$	$\langle 2,4 \rangle$	$\cdots$
$\langle 3,0 \rangle$					

Procedendo per diagonali come è ovvio dal disegno

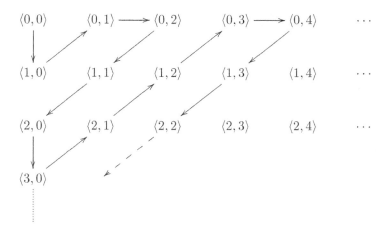

l'insieme $\mathbb{N} \times \mathbb{N}$ viene *enumerato*, cioè messo in corrispondenza biunivoca con $\mathbb{N}$.

Torneremo su questo nelle applicazioni. Se si ha presente la costruzione di $\mathbb{Z}$ e $\mathbb{Q}$ ad ogni modo, questi si possono dimostrare numerabili in base a una ulteriore proprietà che afferma

(xii) se A è contabile ed esiste $B \hookrightarrow A$, anche B è contabile, che è immediata con (iii) del Lemma 10.

Per i numeri algebrici, si considera il loro insieme come unione di insiemi finiti A_h, $h \in \mathbb{N}$, prendendo come A_h l'insieme di quelli che sono soluzioni di equazioni di altezza h, dove (indicando con $|x|$ il modulo)

$$h = (n-1) + |a_0| + \dots |a_n|$$

per l'equazione $a_0 x^n + \dots + a_{n-1} x + a_n = 0$.

Si fa quindi appello alla (viii), o alla sua precisazione che

(viii') se $\mathcal{F}$ è numerabile e ogni elemento di $\mathcal{F}$ è contabile, anche $\cup \mathcal{F}$ è numerabile

perché se $\cup \mathcal{F}$ fosse finita non potrebbe che essere l'unione finita di insiemi, quindi anche la famiglia $\mathcal{F}$ finita.

Dimostrazione di (viii) Utilizziamo la caratterizzazione di un insieme come contabile se esiste una sua iniezione in $\mathbb{N}$. Se $f: \mathcal{F} \hookrightarrow \mathbb{N}$, e se $f(A) = i$, indichiamo A con A_i. Per ogni $A_i \in \mathcal{F}$ sia scelta una $g_i: A_i \hookrightarrow \mathbb{N}$.

Defininiamo $g: \cup \mathcal{F} \hookrightarrow \mathbb{N}$ ponendo

$$g(x) = p_j^{f_j(x)}$$

dove j è il minimo i tale che $x \in A_i$ e p_j il $(j+1)$-esimo primo. $\square$

La caratterizzazione (ii) del Lemma 10 di "contabile" è utile in alcune applicazioni: ad esempio per mostrare che ogni insieme di intervalli aperti disgiunti di reali è contabile si può osservare che esiste una suriezione di $\mathbb{Q}$, e quindi di $\mathbb{N}$ sull'insieme arricchito con l'aggiunta del complemento della sua unione, che fa corrispondere a ogni razionale l'unico intervallo al quale esso appartiene.

Se la matrice doppiamente infinita delle coppie ordinate $\langle n, m \rangle$ viene percorsa per righe invece che per diagonali, i numeri naturali non bastano per enumerarle, si esauriscono con la prima riga. Ma si possono usare gli ordinali infiniti.

Una prima *tranche* è un lista infinita, quindi un ordine di tipo ω; essa è seguita dalla seconda riga, ancora un ordine di tipo ω e così via. Complessivamente si ha un ordine di tipo

$$\omega + \omega + \omega + \dots$$

che è del tutto naturale, e coerente con l'insieme sostegno, indicare con

$$\omega \cdot \omega \,,$$

o ω^2. Lo spazio senza fine degli ordinali (Teorema 4) si riempie, o si scala, con operazioni di crescita via via maggiore.

L'esempio è un caso particolare di un risultato generale: se si ha un insieme bene ordinato $\langle X, \prec \rangle$ e si considera l'insieme X^n delle n-uple di elementi di X con l'ordine lessicografico, $\prec_n$, cioè

$\langle x_0, \dots, x_n \rangle \prec_n \langle y_0, \dots, y_n \rangle$ se e solo se
       per il primo i per cui $x_i \neq y_i$ si ha $x_i \prec y_i$,

$\langle X^n, \prec_n \rangle$ è un buon ordine.

Con l'ordine naturale delle lettere dell'alfabeto, le parole di lunghezza 3 sono ordinate da $\prec_3$ nel solito modo alfabetico: alt $\prec_3$ amo $\prec_3$ bio $\prec_3$ boa, e così via.

L'insieme $\langle \mathbb{N}^n, \prec_n \rangle$ ha come tipo d'ordine l'ordinale ω^n.

In quanto bene ordinato, l'insieme delle n-uple è tale che qualsiasi catena discendente è finita, e tale proprietà è utile per la dimostrazione della terminazione di programmi[44].

3.8 Il metodo diagonale

L'insieme $\mathbb{R}$ invece non è numerabile.

La prima dimostrazione di Cantor sfruttava la continuità di $\mathbb{R}$, nella forma della proprietà degli intervalli incapsulati: supponendo per assurdo che esista una successione $\{r_n\}_{n\in\mathbb{N}}$ che comprende tutti gli elementi di $\mathbb{R}$, si definisce una successione di intervalli incapsulati prendendo come $[a_0, b_0]$ l'intervallo $[r_0, r_1]$, supposto senza scapito di generalità che $r_0 < r_1$. Supposto definito $[a_n, b_n]$, a_{n+1} sarà il primo elemento r_i della successione con $n < i$ e tale che $a_n < r_i < b_n$ e b_{n+1} il primo r_j della successione con $i < j$ e tale che $r_i < r_j < b_n$. Gli elementi r_i e r_j esistono perché gli intervalli sono densi e la successione degli r comprende tutti i reali, e ogni r è preceduto nella successione solo da un numero finito di elementi.

Nell'intersezione $\bigcap\{[a_n, b_n]\}$, che non è vuota per il principio degli intervalli incapsulati, non possono esservi elementi della successione $\{r_n\}_{n\in\mathbb{N}}$; ogni volta che si sceglie un r_j come sopra, tutti gli r_h con $h < j$ stanno fuori dell'intervallo $[r_i, r_j]$, quindi ogni r_h sta da un certo punto in poi definitivamente fuori da uno e quindi da tutti i successivi intervalli. Un elemento dell'intersezione è un controesempio alla pretesa che la successione $\{r_n\}_{n\in\mathbb{N}}$ contenga tutti i reali. $\square$

Una seconda dimostrazione di Cantor è invece indipendente dalla metrica di $\mathbb{R}$, e considera solo cosa sono gli elementi di $\mathbb{R}$.

Si ricordi che ogni intervallo della retta reale è equipotente a un qualsiasi altro intervallo, come mostrato dalla corrispondenza stabilita dalla proiezione da P:

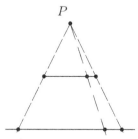

e qualsiasi segmento a tutta la retta.

---

44 Si veda Z. Manna, *Teoria matematica della computazione*, Boringhieri, 1978, capitolo 3.

Nel confrontare retta e segmento, occorre essere precisi sul tipo di segmento, se aperto o chiuso, mentre la dimostrazione di sopra per gli intervalli vale sia per quelli chiusi sia per quelli aperti.

La corrispondenza:

mostra l'equipotenza tra un segmento semiaperto e una semiretta $[a, +\infty)$. Se si vuole proprio una corrispondenza tra un segmento aperto e $\mathbb{R}$, si divida in due il segmento e si consideri:

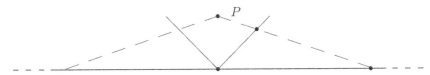

Ma un segmento chiuso come $[0, 1]$ e quello aperto $(0, 1)$ sono equipotenti? Per rispondere positivamente non c'è bisogno di appellarsi all'aritmetica dei cardinali che vedremo in seguito, si può sfruttare il teorema di Cantor-Schröder-Bernstein: $(0, 1)$ è immergibile con l'identità in $[0, 1]$, e questo a sua volta è immergibile in $(0, 1)$ con un'applicazione lineare che mandi sia 0 sia 1 nell'intervallo, per esempio[45] $g(x) = \frac{x+1}{3}$.

Dimostriamo allora che l'insieme $\mathbb{R}$ non è numerabile dimostrando che non lo è l'intervallo $[0, 1]$.

La dimostrazione costituisce la prima apparizione in matematica del cosiddetto metodo diagonale, che avrà in seguito numerose applicazioni, ad esempio nella teoria della calcolabilità.

Consideriamo tutte le successioni infinite di 0 e 1, cioè l'insieme delle funzioni da $\mathbb{N}$ in 2, insieme che si indica come vedremo con $^{\mathbb{N}}2$; questo è in corrispondenza biunivoca con $\mathscr{P}(\mathbb{N})$, facendo corrispondere a $X \subseteq \mathbb{N}$ la funzione caratteristica di X δ_X che per n vale 1 o 0 a seconda che $n \in X$ o no.

Le successioni di 0 e 1 si possono identificare con i numeri reali in nell'intervallo $[0, 1]$ sviluppando ogni numero in base 2. La prima cifra 0 a sinistra della virgola si trascura.

---

[45] Dalla seconda dimostrazione si può definire esplicitamente la corrispondenza h tra $(0, 1)$ e $[0, 1]$: gli elementi sui quali la h deve essere definita come g^{-1} sono, ricordando che f è l'identità, $g(0), g(g(0)), \ldots$ e $g(1), g(g(1)), \ldots$, cioè $1/3, 4/9, 13/27, \ldots$ e $2/3, 5/9, 14/27, \ldots$.

Su questi si applica g^{-1}, quindi $h(1/3) = 0$, $h(4/9) = 1/3, \ldots$, $h(2/3) = 1$, $h(5/9) = 2/3, \ldots$. Sugli altri, $h(x) = x$. L'esercizio è svolto con tutti i dettagli in R. S. Wolf, *Proof, Logic, and Conjecture*, W. H. Freeman and Company, New York, 1998, pp. 235–6.

La corrispondenza non è biunivoca perché ci sono ripetizioni causate dalle successioni che da un certo punto in poi sono uguali a 1, e danno origine a un reale che ha anche un'altra rappresentazione, da un certo punto in poi sempre 0. Tuttavia la doppia rappresentazione vale soltanto per alcuni razionali, quelli che si scrivono come frazioni con denominatore 2^n, quindi per un insieme numerabile (per il complesso del Teorema 10). Se i reali (in $[0, 1]$) fossero numerabili, anche le successioni di 0 e 1 sarebbero un insieme numerabile.

Supponiamo per assurdo che esista una lista infinita, numerabile, di tutte le successioni di 0 e 1:

$$
\begin{array}{cccccccccc}
1 & 0 & 0 & 0 & 0 & 0 & 0 & 0 & 0 & 0 & \ldots \\
0 & 1 & 1 & 0 & 0 & 0 & 0 & 0 & 0 & 0 & \ldots \\
0 & 1 & 0 & 1 & 0 & 1 & 0 & 1 & 0 & 1 & \ldots \\
1 & 1 & 0 & 0 & 1 & 1 & 0 & 0 & 1 & 1 & \ldots \\
0 & 0 & 0 & 0 & 0 & 0 & 0 & 0 & 0 & 0 & \ldots \\
0 & 1 & 1 & 1 & 1 & 1 & 1 & 1 & 1 & 1 & \ldots \\
0 & 0 & 0 & 1 & 1 & 1 & 0 & 0 & 0 & 1 & \ldots \\
0 & 0 & 0 & 0 & 1 & 1 & 1 & 1 & 1 & 1 & \ldots \\
1 & 1 & 0 & 0 & 0 & 1 & 1 & 1 & 0 & 0 & \ldots \\
1 & 0 & 1 & 0 & 1 & 0 & 1 & 0 & 1 & 0 & \ldots \\
\vdots & & & & & & & & & &
\end{array}
$$

Modifichiamo ogni elemento della diagonale principale scambiando 0 in 1 e 1 in 0. Otteniamo una nuova matrice infinita

$$
\begin{array}{cccccccccc}
\mathbf{0} & 0 & 0 & 0 & 0 & 0 & 0 & 0 & 0 & 0 & \ldots \\
0 & \mathbf{0} & 1 & 0 & 0 & 0 & 0 & 0 & 0 & 0 & \ldots \\
0 & 1 & \mathbf{1} & 1 & 0 & 1 & 0 & 1 & 0 & 1 & \ldots \\
1 & 1 & 0 & \mathbf{1} & 1 & 1 & 0 & 0 & 1 & 1 & \ldots \\
0 & 0 & 0 & 0 & \mathbf{1} & 0 & 0 & 0 & 0 & 0 & \ldots \\
0 & 1 & 1 & 1 & 1 & \mathbf{0} & 1 & 1 & 1 & 1 & \ldots \\
0 & 0 & 0 & 1 & 1 & 1 & \mathbf{1} & 0 & 0 & 1 & \ldots \\
0 & 0 & 0 & 0 & 1 & 1 & 1 & \mathbf{0} & 1 & 1 & \ldots \\
1 & 1 & 0 & 0 & 0 & 1 & 1 & 1 & \mathbf{1} & 0 & \ldots \\
1 & 0 & 1 & 0 & 1 & 0 & 1 & 0 & 1 & \mathbf{1} & \ldots \\
\vdots & & & & & & & & & &
\end{array}
$$

la cui diagonale

$$0 \quad 0 \quad 1 \quad 1 \quad 1 \quad 0 \quad 1 \quad 0 \quad 1 \quad 1 \quad \ldots$$

è diversa da ogni successione della lista data, in quanto differisce dalla prima riga nella prima cifra, dalla seconda nella seconda, e in generale dall'n-esima riga nella n-esima componente.

Essa rappresenta perciò una successione non compresa nella enumerazione. $\square$

Come abbiamo detto, le rappresentazioni multiple dei reali mediante succes-sioni di 0 e 1 non sono tali da incidere sulla cardinalità[46]; in pratica solo alcuni razionali vengono ad avere due rappresentazioni, e sulla base del com-plesso delle leggi sui cardinali che vedremo in seguito si può affermare che la cardinalità del continuo è quella di $^{\mathbb{N}}2$. La cardinalità di ^{B}A, come diremo, è $|A|^{|B|}$, per cui la cardinalità del continuo si indica con 2^{ω}. Allora il teorema di Cantor, in termini di cardinali, afferma:

$$\omega < 2^{\omega} \,.$$

La nuova dimostrazione con il metodo diagonale ha il merito di suggerire una generalizzazione a qualsiasi insieme infinito, quindi con la possibilità di iterare l'esistenza di infiniti sempre più grandi.

Teorema 12 (Cantor) Non esiste una applicazione suriettiva di X sopra $\mathscr{P}(X)$.

Dimostrazione Supponiamo che $f\colon X \twoheadrightarrow \mathscr{P}(X)$ sia una tale suriezione, e consideriamo

$$Z = \{x \in X\colon x \notin f(x)\} \subseteq X \,.$$

Z sarà $f(z)$ per qualche $z \in X$. Ma ora

$$z \in Z \leftrightarrow z \notin f(z) \leftrightarrow z \notin Z \,,$$

la prima equivalenza per la definizione di Z, la seconda perché $Z = f(z)$, quindi contraddizione. $\square$

Siccome esiste una applicazione iniettiva di X in $\mathscr{P}(X)$, data da $x \mapsto \{x\}$, si conclude che

$$|X| < |\mathscr{P}(X)| = 2^{|X|} \,.$$

3.9 Aritmetica cardinale

Le operazioni sui numeri cardinali sono importanti soprattutto per quel che insegnano su possibili manipolazioni di insiemi infiniti, anche al di là delle pure questioni di cardinalità.

La somma cardinale è definita come cardinalità dell'unione di due insiemi disgiunti che abbiano la cardinalità degli addendi; il prodotto come cardina-lità del prodotto cartesiano, e la potenza, già utilizzata, come la cardinalità dell'insieme delle funzioni da un insieme della cardinalità dell'esponente in uno della cardinalità della base.

La somma e il prodotto si generalizzano anche a famiglie infinite di insiemi: la somma cardinale $\sum_{i \in I} k_i$ è la cardinalità di $\bigcup_{i \in I} A_i$ dove $\{A_i\}_{i \in I}$ è un insieme di insiemi a due a due disgiunti tali che $|A_i| = k_i$. Gli addendi k_i non

---

[46] Sì tuttavia sull'eleganza delle dimostrazioni, come ricorderemo in 3.9.

devono necessariamente essere diversi tra loro; se sono tutti uguali a k, allora $\sum_{i \in I} k_i = |I \times k|$.

Il prodotto cardinale $\prod_{i \in I} k_i$ è la cardinalità di un insieme prodotto[47] $\prod_{i \in I} A_i$ dove $\{A_i\}_{i \in I}$ è un insieme di insiemi, con $|A_i| = k_i$.

Nel caso di un numero finito di argomenti, le operazioni soddisfano le stesse proprietà che hanno nel caso finito, associatività, commutatività, leggi degli esponenti come $h^{k+l} = h^k \cdot h^l$, $(h^k)^l = h^{k \cdot l}$ ecc., ma

Teorema 13 Se uno almeno dei due cardinali h e k è infinito, e l'altro non è 0, allora $h + k = h \cdot k = \max(h, k)$. $\square$

Questo teorema ha applicazioni concrete, vale a dire che si manifestano in molte costruzioni matematiche, perché permette ad esempio di affermare, per il risultato sulla somma, che se da un insieme infinito si toglie un sottoinsieme di cardinalità minore, il risultato ha la stessa cardinalità di quello originale[48]; in particolare ad esempio, una volta che si sappia che il continuo è più che numerabile, risulta che i numeri irrazionali (reali meno razionali) sono tanti come i reali, un insieme della cardinalità del continuo.

Ed è anche possibile togliere a un insieme infinito un sottoinsieme della sua cardinalità, ma non uno qualunque, ed avere ancora un insieme della cardinalità originale: dato un insieme X, siccome esso è in una corrispondenza biunivoca con il suo cardinale k, e questo con $k + k$, dunque X con $k + k$, X risulta in corrispondenza biunivoca f con un insieme $X_1 \cup X_2$, con $X_1 \cap X_2 = \emptyset$ e X_1 e X_2 di cardinalità k; dunque si può scomporre X in $f^{-1}(X_1) \cup f^{-1}(X_2)$.

In $h \cdot h = h$ è incluso, quando $h = \aleph_0$ il risultato che $\mathbb{N} \times \mathbb{N}$ è numerabile, e quando h è la cardinalità del continuo, il risultato che il quadrato è equipotente al lato.

Nella dimostrazione originale di questo risultato l'idea sarebbe semplice: per il quadrato $[0, 1] \times [0, 1]$, due successioni $a_0, a_1, \dots$ e $b_0, b_1, \dots$ di 0 e 1 sono mescolate nella successione

$$a_0, b_0, a_1, b_1, \dots$$

---

[47] La definizione del prodotto cartesiano generalizzato sarà richiamata in 3.11.

[48] Questo vale come applicazione diretta del Teorema 13 se l'insieme sottratto è infinito; la giustificazione infatti consiste nell'osservare che se da un insieme di cardinalità k se ne sottrae uno di cardinalità $h < k$ allora se il resto avesse cardinalità $< k$ la loro unione non darebbe k; ma il teorema richiede che uno almeno dei due addendi sia infinito. Per completare il quadro occorre osservare che la somma di due insiemi finiti è finita, oppure che se da un insieme infinito si sottrae un sottoinsieme finito il risultato è ancora un insieme infinito. Quest'ultima in pratica è la proprietà (x) del Teorema 11, insieme alla (i). Più avanti dimostreremo esplicitamente questa proprietà per $\mathbb{N}$.

e la corrispondenza tra coppie di successioni e successioni è biunivoca, ma non lo è[49].

Il teorema di Cantor dice invece che la potenza si comporta anche nel caso infinito come nel caso finito, almeno nel senso che $k < 2^k$.

Per la potenza valgono anche leggi di monotonia debole, come

$$\text{se} \quad h_1 \leq h_2 \quad \text{allora} \quad h_1^k \leq h_2^k$$

e

$$\text{se} \quad k_1 \leq k_2 \quad \text{allora} \quad h^{k_1} \leq h^{k_2}$$

ma non in generale con $<$.

Non si ha un simbolo speciale per la cardinalità del continuo perché non si sa quale sia, quale $\aleph$ sia, per cui la si indica con $2^{\aleph_0}$ o con 2^ω (qualche volta con c, ma la notazione è ingannevole in quanto non si sa quanto vale c).

L'ipotesi del continuo è l'ipotesi che $2^{\aleph_0} = \aleph_1$. Il significato matematico di questa relazione è rilevante. Essa comporta che non esistano cardinalità intermedie tra quella di $\mathbb{N}$ e quella di $\mathbb{R}$, e quindi non esistano insiemi di numeri reali più che numerabili ma non equipotenti a $\mathbb{R}$. Questo è il motivo per cui studiando matematica non li si incontra mai. Non perché l'ipotesi del continuo sia dimostrabile, ma perché non è neanche refutabile, e un controesempio si trova solo considerando modelli sofisticati della teoria.

Per gli insiemi che si riescono facilmente a definire l'ipotesi è verificata: gli insiemi sono o numerabili o della potenza del continuo. Cantor aveva dimostrato che ogni chiuso non numerabile ha la cardinalità del continuo; il risultato è stato esteso agli insiemi che sono intersezioni di insiemi numerabili di insiemi chiusi, e ancora oltre.

Benché l'assunzione di questa relazione risolva molti problemi relativi al continuo, dalla topologia alla misura, essa appare improbabile, come deviazione troppo forte dal caso finito. 2^n non è $n+1$, ma molto più grande, mentre $\aleph_1$ è il cardinale successore di $\aleph_0$.

Nel caso finito tuttavia, addizione, moltiplicazione e potenza sono una scala crescente di funzioni, associate come vedremo nel capitolo 4 a operazioni su insiemi (unione, prodotto cartesiano e potenza); le prime due si appiattiscono nell'aritmetica cardinale; bisognerebbe trovare un'altra funzione insiemistica significativa con valori intermedi, quanto a grandezza, tra x e $\mathscr{P}(x)$, ma nessuno ha un'idea di quale potrebbe essere.

Dalle poche proprietà indicate delle operazioni sui cardinali si ricavano altre relazioni notevoli, ad esempio

$$c^{\aleph_0} = \left(2^{\aleph_0}\right)^{\aleph_0} = 2^{\aleph_0 \times \aleph_0} = 2^{\aleph_0} = c$$

---

[49] Quando Dedekind lo fece osservare a Cantor, questi subito ammise la svista, dovuta al solito al problema della doppia rappresentazione, rallegrandosi che per fortuna incidesse solo sulla dimostrazione e non sul risultato. In seguito tuttavia ebbe a rammaricarsi perché la dimostrazione diretta risultava troppo complicata e poco elegante.

Da questa segue che l'insieme delle funzioni continue da $\mathbb{R}$ in $\mathbb{R}$ ha cardinalità c, perché ogni tale funzione è univocamente determinata dai valori che assume sui razionali. Invece l'insieme di tutte le funzioni da $\mathbb{R}$ in $\mathbb{R}$ ha cardinalità $c^{\mathcal{C}} = (2^{\aleph_0})^{\mathcal{C}} = 2^{\aleph_0 \times \mathcal{C}} = 2^{\mathcal{C}}$.

Da

$$c = 2^{\aleph_0} \leq \aleph_0^{\aleph_0} \leq c^{\aleph_0} = c$$

in collaborazione con il teorema di Cantor-Schröder-Bernstein segue che

$$\aleph_0^{\aleph_0} = c \,,$$

ovvero che l'insieme di tutte le successioni infinite di numeri naturali ha la cardinalità del continuo.

Un insiemista si troverà quasi certamente ad avere a che fare con insiemi infiniti di cardinali, e a tale proposito è utile la seguente relazione, nota come

Lemma di König Se $h_i < k_i$ per ogni $i \in I$, allora

$$\sum_{i \in I} h_i < \prod_{i \in I} k_i \,,$$

dalla quale, prendendo $k_i = c$ a destra, si ha che se un insieme della cardinalità del continuo è l'unione di una famiglia numerabile di insiemi, allora uno almeno di questi deve avere la cardinalità del continuo.

3.10 Grandi cardinali

Lo studio dei cardinali è interessante e ricco di temi; i cardinali infiniti non sono tutti uguali tra loro. Anche i finiti, quando si vanno ad analizzare, si distinguono con le operazioni aritmetiche in pari, dispari, primi, potenze. Le operazioni aritmetiche non sono così significative per gli infiniti, a causa del Teorema 13, ma ad essi si adattano altri tipi di considerazioni, in particolare quelle che riguardano la possibilità di raggiungere o meno dal basso un cardinale con funzioni crescenti.

Ad esempio la possibilità di essere estremi superiori di funzioni crescenti che abbiano un dominio di cardinalità minore discrimina cardinali come $\aleph_1$ e $\aleph_\omega$. $\aleph_\omega$ è l'estremo superiore della funzione $n \mapsto \aleph_n$ il cui dominio è ω, mentre una funzione f di dominio ω in $\aleph_1$ non può avere come estremo superiore $\aleph_1$, deve essere limitata superiormente in $\aleph_1$. Il motivo è che ogni $f(n)$ è un ordinale numerabile, $< \aleph_1$, e quindi il suo estremo superiore è l'unione di un insieme numerabile di insiemi numerabili, ancora numerabile.

Si noti tuttavia che la funzione $n \mapsto \aleph_n$ pur essendo illimitata in $\aleph_\omega$ non stabilisce una corrispondenza biunivoca tra ω e $\aleph_\omega$. I segmenti omessi dai valori della funzione, $\aleph_{n+1} \setminus \aleph_n$, hanno cardinalità più che numerabile, non ricopribile da ω.

Siccome l'insieme $\aleph_{n+1} \setminus \aleph_n$ ha cardinalità $\aleph_{n+1}$, e i vari intervalli sono disgiunti, si può anche dire che $\aleph_\omega$ è la somma di un numero minore di $\aleph_\omega$ di cardinali minori di $\aleph_\omega$.

$\aleph_1$ e $\aleph_\omega$ per queste loro diverse proprietà sono esempi rispettivamente di cardinali *regolari* e cardinali *singolari*. Tutti gli $\aleph_{\alpha+1}$ con indice successore sono regolari[50].

Dal lemma di König segue l'unico risultato che si ha sulla cardinalità del continuo, che c non può essere la somma di $\aleph_0$ cardinali minori di c, benché possa essere singolare.

Ma il nostro lettore difficilmente dovrà fare i conti (in senso letterale e metaforico) con l'aritmetica cardinale avanzata, e allora per lui, o per lei, l'argomento più interessante della teoria dei cardinali è forse costituito da quelli che non ci sono.

Non si può negare che l'argomento sia specialistico, ma è bene sapere almeno di cosa si tratta perché è facile che venga evocato in svariati contesti: se si chiede cosa fanno oggi gli studiosi di teoria degli insiemi, questo è uno dei temi citati; se si parla di Gödel, è inevitabile che venga ricordato che suo è il merito di aver iniziato lo studio dei grandi cardinali, come pure il fatto che essi sono collegati al problema della indimostrabilità della non contraddittorietà della teoria.

I grandi cardinali sono cardinali caratterizzati da certe proprietà tali che non si può dimostrare che esistono cardinali che le soddisfano nella teoria ZFC[51].

Per capire come ciò nonostante se ne possa parlare, e sia utile parlarne, si ricordi che l'universo è illimitato superiormente, come gli ordinali, e la sua forma è rappresentata dal cono stratificato

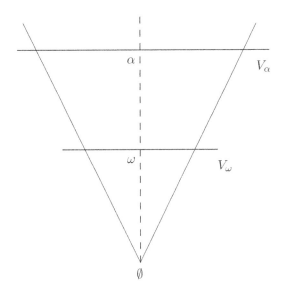

che corrisponde alla definizione

$$V = \bigcup_{\alpha \in \text{Ord}} V_\alpha \,,$$

dove

$$\begin{cases} V_0 &= \emptyset \\ V_{\alpha+1} &= V_\alpha \cup \mathscr{P}(V_\alpha) \\ V_\lambda &= \bigcup_{\alpha \in \lambda} V_\alpha \qquad \lambda \text{ limite} \,. \end{cases}$$

I V_α sono detti livelli della gerarchia di von Neumann.

Certi livelli V_α sono chiusi rispetto ad alcune operazioni insiemistiche, ad esempio alla coppia, all'unione e alla potenza se α è limite.

V_ω è definito da

$$\begin{cases} V_0 &= \emptyset \\ V_{n+1} &= V_\alpha \cup \mathscr{P}(V_n) \\ V_\omega &= \bigcup_{n \in \omega} V_n \end{cases}$$

e comprende gli insiemi ereditariamente finiti[52].

V_ω è chiuso rispetto a tutte le operazioni insiemistiche: oltre a quelle menzionate esplicitamente negli assiomi, come coppia e potenza, si ha anche che se f è una funzione contenuta in V_ω e tale che $\text{dom}(f) \in V_\omega$, allora $\text{im}(f) \in V_\omega$.

Questo praticamente significa che tutti gli assiomi di ZFC sono soddisfatti in V_ω, incluso il rimpiazzamento, escluso solo l'assioma dell'infinito. V_ω è quello che sarebbe l'universo se non esistessero insiemi infiniti[53]. Ma proprio per questo nessun altro livello infinito, superiore a V_ω, è chiuso nello stesso modo: altrimenti siccome conterrebbe anche un insieme infinito, ω ad esempio, soddisferebbe tutti gli assiomi di ZFC, sarebbe – come si dice – un modello di ZFC. La chiusura rispetto alle funzioni insiemistiche significa che è soddisfatto il cruciale assioma di rimpiazzamento.

L'esistenza di un insieme V_k così fatto non è dimostrabile in ZFC altrimenti in ZFC si dimostrerebbe che ZFC non è contraddittoria, contro il secondo teorema di incompletezza di Gödel. Oppure si può ragionare più direttamente ma più laboriosamente, senza fare appello al teorema di Gödel: se in ZFC si potesse dimostrare che esiste un tale V_k, modello di ZFC, in esso sarebbe vero,

---

[50] In ZFC non esistono $\aleph_\lambda$, con λ limite, regolari. Cardinali siffatti sono detti debolmente inaccessibili, e se vale l'ipotesi generalizzata del continuo, che sia sempre $2^{\aleph_\alpha} = \aleph_{\alpha+1}$, sono anche fortemente inaccessibili, un tipo di cardinali discusso sotto.

[51] Come i cardinali debolmente inaccessibili della nota precedente.

[52] Sono gli insiemi che sono finiti, con i loro elementi finiti, e gli elementi degli elementi finiti, e così via: in altri termini, quelli tali che hanno la chiusura transitiva dell'unione finita.

[53] Abbiamo già segnalato in precedenza una certa analogia tra ω e la classe di tutti gli ordinali, che si estende a quella tra V_ω e V.

insieme a tutti i teoremi di ZFC, anche che esiste un modello siffatto. Inizierebbe allora, con qualche aggiustamento e qualche considerazione aggiuntiva, una discesa infinita di insiemi, modelli di ZFC[54].

Tuttavia, se non li fa il diavolo, i coperchi li può fare l'uomo. L'uomo metafisico pur sapendo il rischio di incappare nelle antinomie kantiane e cantoriane vuole ciò nonostante e presume di poter parlare dell'universo.

D'altra parte anche gli insiemisti parlano dell'universo, lo abbiamo appena fatto, rappresentandolo con un disegno come qualcosa di compiuto, sia pure con la valvola di sfogo dei puntini, e lo abbiamo designato con una lettera che assomiglia a quelle usate per gli insiemi. Lo si chiama classe, ma lo si sottopone a un barlume di trattamento insiemistico, ad esempio dicendo che è una unione di insiemi, una unione estesa a un'altra classe, quella degli ordinali.

Mettere un coperchio significa fingere che l'universo sia o diventi un insieme chiuso da un ordinale massimo, chiamiamolo k:

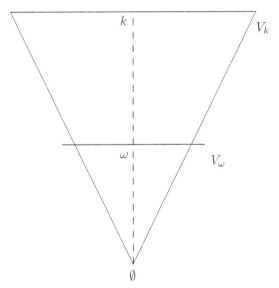

Ma siccome il matematico non è come il metafisico, e vuole e sa evitare le contraddizioni, il suo coperchio è particolare, e magicamente creativo: una volta messo, l'universo si espande al di sopra di esso, perché appunto non può avere un coperchio, e diventa:

---

[54] Questo presuppone che l'affermazione "X è un modello di ZFC" si possa scrivere come una frase del linguaggio della teoria degli insiemi, ma questo è di fatto possibile. In ZFC si può scrivere tutta la matematica, e i linguaggi e la loro semantica sono matematica. Abbiamo detto "nel linguaggio della teoria" e non solo "nel linguaggio insiemistico" perché non è solo questione di linguaggio ma anche di teoria: le proprietà delle definizioni rilevanti, come quella di soddisfazione in una struttura, vanno dimostrate.

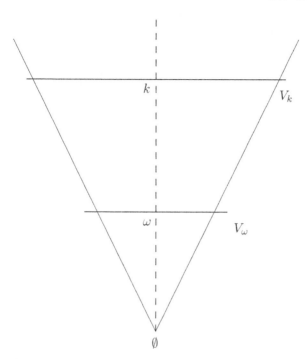

estendendosi ben al di sopra di k.

Questa situazione, di messa del coperchio e immediato scoperchiamento, si realizza aggiungendo agli assiomi di ZFC un nuovo assioma dell'infinito, una nuova assunzione di esistenza di un cardinale k con le proprietà di chiusura necessarie. Risulta che tali proprietà si possono esprimere in modo compatto con la seguente

Definizione Un cardinale k si dice *(fortemente) inaccessibile* se $\omega < k$ e

(i) se $h < k$, anche $2^h < k$;
(ii) se $h < k$ e $f\colon h \longrightarrow k$ è una funzione strettamente crescente, allora $\sup(f) < k$.

La teoria ZFC + "esiste un cardinale inaccessibile" non è ovviamente la teoria ZFC ma una sua estensione, nello stesso linguaggio.

I vantaggi di avere un inaccessibile si manifestano in conseguenze relative anche ai livelli bassi della gerarchia dei V_α che dipendono dal teorema di Gödel e sulle quali non è possibile soffermarsi.

Si può immaginare comunque che se si avesse un insieme V_k con tali proprietà di chiusura, si potrebbero studiare meglio le proprietà dell'universo, concentrate in un oggetto. Ad esempio un V_k siffatto, detto appunto "universo" dai categoristi, sarebbe una soluzione operativa (non senza riserve) per fondare i discorsi sulle categorie di tutte le strutture di un certo tipo; relativizzate a V_k, esse potrebbero essere definite come insiemi invece che come classi, insiemi che contengono tutte le strutture in V_k.

Nulla impedisce poi di postulare due inaccessibili, o più, o inaccessibili che siano limiti di inaccessibili, e così via. Molti sono i criteri, matematici e logici, con i quali si definiscono cardinali sempre più grandi, ciascuno non esistente nella teoria precedente. In generale, si chiamano *grandi cardinali* i cardinali la cui esistenza non è dimostrabile in ZFC, o la cui esistenza fornisce un modello di ZFC.

In pratica chiedendo che esista un cardinale fortemente inaccessibile si chiede solo che esista un altro cardinale con certe proprietà godute da ω. Una fonte di ispirazione feconda per concepire grandi cardinali è sempre ω, con la richiesta che esista un altro cardinale infinito che riproponga determinate sue proprietà. A parte proprietà banali, risulta sempre che l'eventuale replica è un grande cardinale.

Si scopre così che il primo cardinale infinito ω sembra essere piuttosto unico nel panorama dei cardinali dimostrabilmente esistenti in ZFC. Questo è strano, ω è troppo vicino a terra per essere un infinito così peculiare.

Un esempio interessante viene dalla teoria della misura. Su $\mathscr{P}(\omega)$ esiste la possibilità di introdurre una misura degli insiemi, che li distingua in grandi e piccoli, considerando un ultrafiltro che contiene gli insiemi cofiniti (i complementari degli insiemi finiti).

Con questo, come vedremo meglio in seguito, si intende una famiglia $\mathcal{F} \subsetneq \mathscr{P}(\omega)$ di sottoinsiemi di ω che

(i) contiene i complementari degli insiemi finiti,
(ii) è chiusa rispetto all'intersezione (se $X, Y \in \mathcal{F}$ anche $X \cap Y \in \mathcal{F}$),
(iii) è chiusa verso l'alto (se $X \in \mathcal{F}$ e $X \subseteq Y$ anche $Y \in \mathcal{F}$),
(iv) e per ogni $X \subseteq \omega$ o $X \in \mathcal{F}$ o $\omega \setminus X \in \mathcal{F}$[55].

Intuitivamente, gli insiemi che sono in $\mathcal{F}$ sono i sottoinsiemi grandi di ω.

La chiusura rispetto all'intersezione si generalizza a un numero finito di insiemi (esercizio, per induzione). Ma i numeri finiti sono i cardinali minori di ω, sicché si può riformulare la seconda proprietà dicendo che se $\mathcal{G} \subseteq \mathcal{F}$ è una famiglia di sottoinsiemi di cardinalità $< \omega$ allora $\bigcap \mathcal{G} \in \mathcal{F}$. In vista di generalizzazioni, si dice anche che un filtro con tale proprietà è ω-*completo*.

Per generalizzare la misura su altri cardinali k diversi da ω, la nozione di ultrafiltro è sempre la stessa; invece dei cofiniti si chiede che l'ultrafiltro $\subsetneq \mathscr{P}(k)$ contenga i sottoinsiemi di k il cui complemento ha cardinalità minore di k; oppure si chiede che l'ultrafiltro non sia principale, cioè non sia l'insieme degli insiemi a cui appartiene un fissato elemento $\alpha \in k$; la k-completezza significa che se $\mathcal{G} \subseteq \mathcal{F}$ è una famiglia di sottoinsiemi di cardinalità $< k$ allora $\bigcap \mathcal{G} \in \mathcal{F}$.

Se ora si chiede che esista un cardinale $k > \omega$ tale che su $\mathscr{P}(k)$ esista un ultrafiltro non principale k-completo, si ha la postulazione di un nuovo

---

[55] Non tutti e due, altrimenti $\emptyset \in \mathcal{F}$ e $\mathcal{F} = \mathscr{P}(\omega)$. Le proprietà (ii) e (iii) sono quelle che caratterizzano i filtri, la (iv) gli ultrafiltri.

tipo di grandi cardinali, quelli che si chiamano cardinali *misurabili*. Ma il primo cardinale misurabile è ben più grande del primo fortemente inaccessibile e addirittura del k-esimo.

Due proprietà che paiono entrambe intrinseche a ω, quando sono clonate su un cardinale maggiore richiedono strutture così profondamente diverse. Esse sono dovute quindi forse a proprietà logiche che ancora non sappiamo distinguere, e incominciamo a riconoscere proprio attraverso la proiezione telescopica.

Ricerche di questo genere mostrano come si possa analizzare in modo rigoroso un concetto astratto, e come una tale analisi sia difficile e non possa esaurirsi in intuizioni immediate ma dipenda dallo sviluppo delle più remote conseguenze delle prime descrizioni.

Per concludere la digressione filosofica, vale la pena di tornare all'analogia tra "infinito", rispetto ai numeri naturali, e "classe", rispetto agli insiemi. Ci si può chiedere perché eseguire tale estensione, che ripropone una situazione analoga, che si presta a una nuova estensione. In effetti ci sono quelli che si rifiutano di eseguirla e vivono felici – e fanno una felice matematica – restando nell'universo dei numeri naturali e del finito. Si potrebbe pensare che solo l'impostazione riduzionistica imponga questa estensione, perché $\mathbb{R} \notin V_\omega$ ma se i numeri reali non fossero a loro volta insiemi, non costringerebbero a elevare l'universo. La risposta, oltre alle considerazioni precedenti sull'interesse di tali estensioni, è che l'uso di nozioni di ordine superiore permette di dimostrare maggiori proprietà degli insiemi finiti stessi – come conseguenza dei teoremi di incompletezza di Gödel. Si è inoltre vista, in Cantor, la motivazione intrinseca alla definizione degli ordinali transfiniti.

Anche in una impostazione pluralistica peraltro, dove i reali non siano insiemi, il metodo diagonale resta valido se i reali formano un sistema chiuso; l'unica alternativa è quella di pensare che $\mathbb{R}$ o $\mathscr{P}(\mathbb{N})$ siano sistemi aperti e mai esauriti. Ma paradossalmente la trattazione diventa più difficile e richiede strumenti logici molto più impegnativi, che diventano proprio parte integrante del discorso matematico, e dei quali non diremo nulla.

3.11 Famiglie e operazioni su insiemi

La nozione di filtro sopra considerata è un esempio di famiglie di insiemi che costituiscono un argomento importante della disciplina; famiglie e operazioni generalizzate sono gli strumenti insiemistici che sono entrati nella matematica moderna, pervadendo la ricerca in modo molto più profondo di quanto lasci intravedere l'insiemistica. Diamo soltanto alcuni esempi.

Le operazioni insiemistiche di base si estendono a insiemi qualunque, anche infiniti, di insiemi. Le notazioni usuali sono le seguenti.

Un insieme di insiemi è presentato di solito come una famiglia indiciata da un insieme di indici $\mathcal{F} = \{A_i : i \in I\}$, o $\{A_i\}_{i \in I}$, e in tal caso lo si pensa più utilmente come una funzione che a ogni $i \in I$ associa A_i.

L'unione $\bigcup_{i \in I} A_i$ coincide con $\cup \mathcal{F}$ definita dall'assioma dell'unione, e soddisfa quindi la condizione

$$x \in \bigcup_{i \in I} A_i \leftrightarrow \exists i \in I (x \in A_i) \,.$$

Il prodotto cartesiano $\prod_{i \in I} A_i$ della famiglia $\{A_i\}_{i \in I}$ è definito da

$$\prod_{i \in I} A_i = \left\{ f \colon I \longrightarrow \bigcup_{i \in I} A_i \colon \forall i \in I (f(i) \in A_i) \right\}$$

Se tutti gli A_i sono uguali ad A, il prodotto diventa la potenza di A elevata a I,

$$\prod_{i \in I} A = {}^I A$$

ovvero l'insieme di tutte le funzioni da I in A.

Tra le famiglie ve ne sono di diversi generi, ciascuna interessante per diversi motivi e applicazioni.

Ad esempio una famiglia di insiemi $\mathcal{F} = \{A_i \colon i \in I\}$ tale che l'intersezione di un numero finito qualunque di suoi elementi è diverso da $\emptyset$ costituisce una sottobase di una topologia.

Si chiamano *catene* le famiglie $\{A_i\}_{i \in \omega}$ tali che $A_i \subseteq A_j$ per $i < j$.

La nozione di catena si generalizza in quella di sistema diretto. Un *sistema diretto* di tipo ω è una successione di insiemi $X_0, X_1, \ldots$ con una successione di funzioni $f_0, f_1, \ldots$ tali che $f_n \colon X_n \longrightarrow X_{n+1}$:

$$X_0 \xrightarrow{\ f_0\ } X_1 \dashrightarrow \cdots \dashrightarrow X_n \xrightarrow{\ f_n\ } X_{n+1} \dashrightarrow$$

Il *limite diretto* del sistema è un insieme X con una successione di funzioni $g_n \colon X_n \longrightarrow X$ tali che

(i) per ogni $n \in \omega$, $g_n = g_{n+1} \circ f_n$,
(ii) $X = \bigcup_n \mathrm{im}(g_n)$

e

(iii) X è il più piccolo insieme che soddisfa (i) e (ii), nel senso che per ogni altro X' e famiglia di g'_n soddisfacenti le stesse due condizioni, esiste $h \colon X \longrightarrow X'$ tale che per ogni n $g'_n = g_n \circ h$:

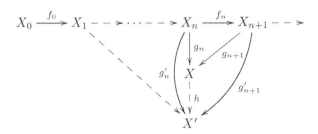

Esiste una definizione analoga duale di sistema inverso e di limite inverso, che si ottengono invertendo le frecce.

I limiti si estendono anche a sistemi più complicati di quelli di tipo ω.

Tra le famiglie di insiemi sono importanti i filtri, e i loro duali, gli ideali. Si tratta di una generalizzazione della nozione originata in algebra. Un filtro su A è una famiglia $\mathcal{F} \subseteq \mathscr{P}(A)$ tale che

(i) se $X, Y \in \mathcal{F}$ allora $X \cap Y \in F$,
(ii) se $X \in \mathcal{F}$ e $X \subseteq Y$ allora $Y \in \mathcal{F}$.

Il filtro è proprio se $\mathcal{F} \subsetneq \mathscr{P}(A)$, ovvero se non contiene $\emptyset$. Un filtro proprio è massimale, o ultrafiltro, se è massimale rispetto alla inclusione $\subseteq$ tra sottofamiglie di $\mathscr{P}(A)$; in modo equivalente, è massimale se per ogni $X \subseteq A$ o $A \in \mathcal{F}$ o $A \setminus X \in \mathcal{F}$.

Ogni filtro è contenuto in un filtro massimale, come applicazione di uno dei lemmi di massimalità, ad esempio il lemma di Zorn (vedi oltre).

Esistono diversi tipi di filtri e ultrafiltri a seconda di diverse proprietà possibili. Abbiamo già ricordato la nozione di k-completezza. Un filtro su A è principale se esiste $a \in A$ tale che $\mathcal{F} = \{X \subseteq A : a \in X\}$.

Se A è finito, ogni ultrafiltro su A è principale.

Gli ultrafiltri, come abbiamo visto, sono collegati alla nozione di misura, che si può anche dare come funzione a valori in $\{0, 1\}$.

Dualmente, un ideale su A è una famiglia $\mathcal{F} \subseteq \mathscr{P}(A)$, ideale proprio se $\mathcal{F} \subsetneq \mathscr{P}(A)$, tale che

(i) se $X, Y \in \mathcal{F}$ allora $X \cup Y \in F$,
(ii) se $Y \in \mathcal{F}$ e $X \subseteq Y$ allora $X \in \mathcal{F}$.

Se $\mathcal{F}$ è un filtro su I, allora a ogni prodotto $\prod_{i \in I} A_i$ si associa il *prodotto ridotto* modulo $\mathcal{F}$, indicato da $(\prod_{i \in I} A_i)/\mathcal{F}$ che è costituito dalle classi di equivalenza degli elementi del prodotto rispetto alla relazione

$$f \equiv_{\mathcal{F}} g \quad \text{se e solo se} \quad \{i \in I : f(i) = g(i)\} \in \mathcal{F}.$$

Il prodotto ridotto è un ultraprodotto se $\mathcal{F}$ è un ultrafiltro.

Su questi insiemi e sistemi di insiemi, quando sono il supporto di strutture, si trasporta anche la struttura. Le costruzioni indicate, e altre, sulle strutture sono la sostanza dell'algebra.

Che gli insiemisti amino lavorare soprattutto a questo livello di generalità è stato già accennato a proposito dei numeri naturali e dell'opportunità di evitarli nelle dimostrazioni in teoria degli insiemi. Un altro esempio è quello della nozione di ordine, che ammette una riduzione insiemistica più radicale di quella che introduce le relazioni come insiemi di coppie ordinate. Si possono usare di nuovo solo famiglie di insiemi, ed evitare la coppia ordinata.

Precisamente, diciamo che una famiglia $\mathcal{F}$ di insiemi è connessa se per ogni $A, B \in \mathcal{F}$ si ha o $A \subseteq B$ o $B \subseteq A$.

Si può quindi porre

Definizione La famiglia $\mathcal{F} \subseteq \mathscr{P}(X)$ stabilisce un ordine di X se $\mathcal{F}$ è un elemento massimale tra tutte le famiglie connesse contenute in $\mathscr{P}(X)$.

Per vedere il collegamento con la solita definizione, se $\prec$ è una relazione di ordine su X, si ponga $\mathcal{F}$ uguale all'insieme di tutti i $\{y \in X : y \prec x\}$ per ogni $x \in X$.

Viceversa, data $\mathcal{F}$ su X, si definisca $x \prec y$, per $x, y \in X$, se $x \in A$ per ogni $A \in \mathcal{F}$ tale che $b \in A$ e se esiste un $A \in \mathcal{F}$ tale che $x \in A$ e $y \notin A$.

Anche i buoni ordini si possono caratterizzare in questo modo:

Definizione La famiglia $\mathcal{F}$ stabilisce un buon ordine di X se

(i) $\mathcal{F}$ stabilisce un ordine di X, e
(ii) ogni sottoinsieme non vuoto di $\mathcal{F}$ ha un elemento massimale.

Per gli ordini che sono buoni ordini e il cui inverso è un buon ordine[56], in (ii) si chieda che esista sia un elemento massimale che uno minimale.

Questa definizione dell'ordine non ha preso piede tuttavia nelle altre parti della matematica, perché la nozione di coppia ordinata è troppo comoda. Ha avuto successo invece la possibilità di eliminare il ricorso agli ordinali e alle definizioni ricorsive per mezzo di principi di massimalità.

Tra i principi di massimalità ricordiamo solo il lemma di Zorn, che afferma che se $\langle X, \preceq \rangle$ è un ordine parziale in cui ogni catena ha un maggiorante, allora esiste in X un elemento $\preceq$-massimale. Il lemma è equivalente all'assioma di scelta[57].

A titolo di esempio, per dimostrare che $h + h = h$ per h infinito, una dimostrazione classica consiste nell'ottenere la scomposizione di un insieme di cardinalità h, h stesso ad esempio, nella unione di due sottoinsiemi disgiunti di cardinalità h. Per questo si definisce ricorsivamente una funzione da h in $h \times h$. I particolari non interessano, ma per ogni $\alpha \in k$ si deve scegliere opportunamente un valore. In alternativa, non si definisce la funzione punto per punto, ma si considera l'insieme delle terne $\langle X, Y, f \rangle$ tali che $X \subseteq h, Y \subseteq h, X \cap Y = \emptyset$, e f è una biiezione tra X e Y; si definisce quindi tra queste

---

[56] Vedremo in 4.6 che gli insiemi dotati di tali ordini sono gli insiemi finiti.
[57] Per altri principi di massimalità di veda G. Lolli, *Dagli insiemi ai numeri*, cit.

coppie un ordine parziale tale che $\langle U, V, f \rangle \preceq \langle Z, W, g \rangle$ se e solo se $U \subseteq Z$ e $V \subseteq W$ e g è una estensione di f.

Ogni catena ha un estremo superiore dato dalla terna le cui componenti sono le unioni delle rispettive componenti della catena. Per il lemma di Zorn, esiste un elemento massimale $\langle A, B, j \rangle$, che si vede subito che costituisce una partizione di h. A e B hanno la stessa cardinalità, e se questa fosse un cardinale $k < h$, si avrebbe $k + k > k$. Basta dunque impostare la dimostrazione per induzione sui cardinali infiniti (il risultato è vero per ω) per avere la conclusione.

Nello sviluppo storico della teoria degli insiemi si constatano, come per ogni altra disciplina, oscillazioni e cambiamenti di obiettivi e metodi. In una prima fase ci si è concentrati da una parte sulla teoria degli ordinali e cardinali infiniti, e dall'altra sulla topologia della retta. In seguito, dopo gli anni Trenta, si è verificata una divaricazione, anche sociologicamente evidente: da una parte lo studio metamatematico dei modelli della teoria, e la ricerca di nuovi assiomi, perseguiti con strumenti logici, dai logici, dall'altra l'estensione della penetrazione del linguaggio insiemistico nella matematica. Quest'ultima tendenza è responsabile in parte del progressivo appannamento della conoscenza della teoria degli ordinali e cardinali, in parte legittima laddove altre tecniche più dirette diventavano disponibili, in parte negativa quando svalutava e relegava nell'oblio una problematica significativa.

4
Applicazioni

Le "applicazioni" presentate in questo capitolo non consistono nell'intervento di risultati o tecniche della teoria degli insiemi in altri settori della matematica. L'argomento sarebbe certo molto istruttivo, ma risulterebbe utile soprattutto a chi faccia ricerca, o voglia dedicarsi ad essa, o approfondire la visione complessiva della matematica. Con "applicazioni" vogliamo provare a dare una prima risposta a chi si chieda "cosa me ne faccio di queste conoscenze", quelle presentate nel capitolo precedente.

Come criterio generale, si può dire che per fare fruttare la conoscenza della teoria astratta si devono anche considerare le versioni costruttive delle proprietà in questione; dal momento che queste nel caso del finito, di $\mathbb{N}$ e del numerabile hanno a che fare soprattutto con funzioni, con la loro esistenza e le loro caratteristiche, si dovrebbe sapere o chiedersi fino a che punto sia possibile darne espressioni esplicite, o aritmetiche.

Le funzioni definite esplicitamente da formule sono più accessibili del concetto astratto di funzione, e vengono prima. Sono nello stesso tempo più astratte e più concrete delle funzioni insiemistiche: più astratte perché la nozione di "regola" ha meno immagini intuitive associate di quella di "collezione" e più concrete perché si identificano con le formule. Imparare a interpretare le formule come regole non è tuttavia un passaggio naturale (certo aiutato ora dalla possibilità di usarle per programmare una calcolatrice); d'altra parte sono una fonte di esercizi e problemi che permettono di recuperare e utilizzare abilità meno astratte e già collaudate.

La considerazione delle formule porta l'attenzione sui linguaggi e forza il riconoscimento dei loro limiti espressivi, da quelli puramente algebrici a quelli con le funzioni elementari a quelli infinitari con limiti, serie e integrali. Alle diversamente ricche tastiere delle macchine calcolatrici si fanno corrispondere diversi livelli di approfondimento matematico.

Inoltre la trattazione ci ha presentato una forma di "definizione" di rilevanza centrale nella costruzione della teoria, quella per ricorsione, che dovrebbe stimolare la curiosità sul suo significato e sulle relazioni con le definizioni esplicite date da una formula.

Illustriamo le possibilità di ricadute didattiche con alcuni argomenti riguardanti insiemi contabili.

Il contabile offre già ampia materia di applicazioni, anche se è il più che numerabile che rappresenta il vero fascino dell'infinito; tuttavia per addentrarsi in esso occorrerebbe richiamare conoscenze di matematica superiore.

4.1 Induzione

Innanzi tutto occorre padroneggiare le tecniche fondamentali per trattare l'infinito numerabile, sotto le spoglie di $\mathbb{N}$, vale a dire l'induzione e la ricorsione.

Una volta che se ne sia vista la giustificazione nella definizione di $\mathbb{N}$, come in 3.2, l'induzione si usa di solito in contesto aritmetico, o di matematica discreta, o più raramente di geometria. In tali contesti, l'induzione dà luogo a uno *schema*, quando al posto di un qualsiasi $Y \subseteq \mathbb{N}$ si sostituisca una formula A che definisce un insieme, $Y = \{x \in \mathbb{N}: A(x)\}$. Il principio di induzione allora diventa:

$$A(0) \wedge \forall x(A(x) \to A(s(x))) \to \forall x A(x)\,,$$

dove A è una formula qualsiasi del linguaggio che si usa. Quello aritmetico in origine contiene solo 0 e s, oltre a $=$.

La povertà del linguaggio iniziale ha la sua funzione, di ricordare che l'unica giustificazione del principio sta nella definizione dell'infinito. Inoltre è affascinante osservare come da questa minima base si crei tutto il ricco mondo dell'aritmetica. Tuttavia il lungo lavoro di costruzione dei concetti aritmetici è un lusso che non ci si può permettere, e con i primi esercizi[1] ci si immerge subito *in medias res* nelle conoscenze accumulate.

Per adeguarci in particolare scriviamo il più familiare $x + 1$ per $s(x)$, benché $s(x) = x + 1$ si dimostri solo dopo aver definito $+$ per ricorsione. Ma lo scopo degli esempi è quello di illustrare come dal principio di induzione discenda la giustificazione di una forma di dimostrazione in due passi che è la vera forma in cui si manifesta e si utilizza l'induzione, e che si può schematizzare nel seguente modo:

$$
\begin{array}{ll}
A(0) & \textit{Base} \\
\underline{\forall x(A(x) \to A(x+1))} & \textit{Passo induttivo} \\
\forall x A(x) &
\end{array}
$$

La regola, schematizzata come sopra secondo lo stile usuale, significa che $\forall x A(x)$ è dimostrata, come valida in $\mathbb{N}$, se sono dimostrati la base e il passo induttivo.

---

[1] Tipicamente: $1 + 2 + \ldots + n = \frac{1}{2}n(n+1)$.

Si dice allora che $\forall x A(x)$ è stata dimostrata per induzione su x, e $A(x)$ si chiama la *formula d'induzione*, e x la *variabile d'induzione* (potrebbero essercene altre nella formula).

Le giustificazioni che si danno per questa regola non discendono quasi mai dalla definizione insiemistica di $\mathbb{N}$, ma sono varie, di carattere intuitivo, ancorché di solito a quanto pare poco efficaci. Infatti il concetto intuitivo di "infinito" è quello potenziale, che ci assicura solo che si può andar oltre ogni limite. Nel trattare $\mathbb{N}$ si deve invece concepire un insieme infinito in atto.

Il passo induttivo può tuttavia essere interpretato come un andare oltre ogni limite, come nel gioco del numero più grande, vinto con "+1". La dimostrazione per induzione è un atto magico che trasforma l'infinito potenziale in infinito attuale; oppure che mostra come non ci sia quella gran differenza tra i due – salvo poi le conseguenze imprevedibili con gli infiniti di ordine superiore.

Tuttavia è bene far capire preliminarmente che l'infinito attuale è in sé qualcosa di difficile da trattare, come premessa al riconoscimento che l'induzione è una grande risorsa. A questo scopo, possono servire esempi di alcune relazioni che, valide per ogni n, si dimostrano direttamente con considerazioni algebriche e aritmetiche. Ad esempio

$$\text{per ogni } n \in \mathbb{N}, n^3 - n \text{ è multiplo di } 3$$

si può dimostrare fattorizzando $n^3 - n$ in $(n-1)n(n+1)$ e osservando che uno dei tre consecutivi deve essere divisibile per 3.

Oppure per dimostrare che

$$1 - \frac{1}{2} + \frac{1}{3} + \ldots + (-1)^{i-1}\frac{1}{i} + \ldots - \frac{1}{2n} > 0$$

si potrebbe procedere con la proprietà associativa scrivendo

$$\left(1 - \frac{1}{2}\right) + \left(\frac{1}{3} - \frac{1}{4}\right) + \ldots + \left(\frac{1}{2n-1} - \frac{1}{2n}\right)$$

e osservando che tutti gli addendi sono positivi.

In verità anche questa proprietà dipende dall'induzione, perché in una trattazione sistematica l'associatività della somma, come anche il fatto che la somma di un numero finito di addendi positivi è positiva, si dimostrano a loro volta per induzione. Ma c'è un uso prossimo e uno remoto dell'induzione. Le proprietà menzionate, comunque a loro volta siano state dimostrate o no, si possono dare per accettate in una fase iniziale.

Tuttavia esempi di questo genere in aritmetica non sono numerosi; viene il momento di considerarne altri analoghi dove tuttavia non si riesce a cavarsela con le conoscenze disponibili, e preparare così a riconoscere l'efficacia della dimostrazione per induzione.

Resta la difficoltà, qui come altrove, di riuscire a riconoscere che la versione formale dell'induzione traduce o cattura l'immagine intuitiva dell'infinito potenziale.

Una concessione che non facciamo alle notazioni correnti è quella di usare le lettere $n, m, \ldots$ al posto delle variabili $x, y, \ldots$. Questa convenzione ha alcuni sottili inconvenienti nascosti. L'uso di lettere speciali ha un senso quando esse servono ad eliminare restrizioni esplicite ricorrenti a domini definibili, come si è fatto sopra per $\alpha, \beta, \ldots$ per gli ordinali: si evita di dover sempre precisare $\forall x (Ord(x) \to \ldots)$ e $\exists x (Ord(x) \wedge \ldots)$. Ma quando si ha una materia nella quale si tratta un solo tipo di enti, i numeri naturali nella prima aritmetica, le lettere $n, m, \ldots$ non facilitano una chiara distinzione tra variabili libere, vincolate, parametri, costanti. In seguito, quando si sia nel contesto di un sistema numerico più ampio, le lettere speciali $n, m, \ldots$ hanno una loro utilità, analoga a quella delle lettere greche per ordinali in teoria degli insiemi, ma inducono la convinzione che $\mathbb{N}$ sia sempre definibile, o che basti usare n per individuare i naturali, invece di preoccuparsi della loro eventuale possibile definizione[2].

Un'immagine comoda per rappresentarsi la situazione che si realizza con l'induzione è quella di una successione di pezzi di domino messi in piedi, in equilibrio precario, distanti tra loro meno della loro altezza. Così se un pezzo cade verso destra fa cadere verso destra quello adiacente. Se cade il primo, fa cadere il secondo, che fa cadere il terzo, e così via, *tutti* cadono.

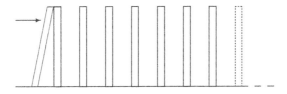

La base non si riferisce necessariamente solo a 0. Se a cadere verso destra non è il primo domino, ma il sesto

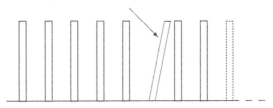

a cadere saranno tutti i domino dal sesto in poi.

---

[2] Che può non esistere, come ad esempio sorprendentemente nella teoria dei campi. Con il solo linguaggio algebrico non si può trovare una formula che in ogni campo di caratteristica 0, come quello dei reali, sia soddisfatta da tutti e soli i termini $0, 1, 1+1, 1+1+1, \ldots$, cioè che definisca i numeri naturali.

In corrispondenza a questa idea si ha una formulazione più generale del principio di induzione:

$$\frac{\begin{array}{ll} A(k) & \textit{Base} \\ \forall x \geq k \, (A(x) \rightarrow A(x+1)) & \textit{Passo induttivo} \end{array}}{\forall x \geq k \, A(x)}$$

Se si deve dimostrare ad esempio $\forall x > 0 \, A(x)$ si dimostra come base $A(1)$, e il passo induttivo per i numeri $x > 0$.

Naturalmente, i domino cadono tutti se la distanza tra di essi è minore dell'altezza dei domino. Se la situazione fosse

cadrebbero i primi tre e basta.

La dimostrazione del passo induttivo corrisponde a provare che per ogni x la distanza tra l'x-esimo domino e il successivo è minore dell'altezza.

La dimostrazione del passo induttivo è la parte più importante e delicata; la base di solito si riduce a calcoli di verifica. Trattandosi di un enunciato universale, la dimostrazione di solito si imposta come dimostrazione di

$$A(x) \rightarrow A(x+1)$$

per un x generico.

Si assume quindi $A(x)$, chiamandola *ipotesi induttiva* e si cerca di dedurre $A(x+1)$, con regole logiche e altre proprietà già dimostrate:

$$\begin{array}{ll} A(x) & \textit{Ipotesi induttiva} \\ \vdots & \\ A(x+1)\,. & \end{array}$$

Errori umoristici non infrequenti sono:

$$\text{da } A(x)\,, \text{ per sostituzione, } A(x+1)$$

oppure

$$\text{da } A(x)\,, \text{ direttamente per generalizzazione, } \forall x A(x)\,.$$

Qualcuno giustifica questi errori alludendo a difficoltà immaginarie dovute a una pericolosa somiglianza tra quello che si deve dimostrare e quello che si assume. Ma nella dimostrazione del passo induttivo la tesi del teorema $\forall x A(x)$ non interviene per nulla, e non è l'obiettivo della dimostrazione. Quello che si assume nel passo induttivo, $A(x)$, è che A valga per *un* elemento, ancorché non precisato; quello che si vuole dimostrare in grande è $\forall x A(x)$, cioè che A vale per tutti gli elementi; in piccolo, nel passo induttivo, si vuole solo dimostrare che allora A vale per *un altro* elemento, una bella differenza, anche sintatticamente visibile, se si usassero i quantificatori.

4.1.1 L'induzione empirica

Un pregiudizio diffuso è che l'induzione serva solo a dimostrare formule già trovate, e quindi abbia un'importanza relativa. Invece l'induzione è strettamente legata alla scoperta.

Una formula di solito si trova, o si congettura, sulla base di una tipica induzione empirica, cioè un controllo per alcuni valori (piccoli). Ma questa ricerca spesso fornisce gli elementi per l'impostazione della dimostrazione del passo induttivo.

Consideriamo ad esempio come si possa valutare e dimostrare l'espressione per la somma dei primi dispari

$$1 + 3 + \ldots + (2n + 1) \, .$$

I primi calcoli mostrano come risultato dei quadrati,

$n = 0$	$1 = 1$
$n = 1$	$1 + 3 = 4$
$n = 2$	$1 + 3 + 5 = 9$
$n = 3$	$1 + 3 + 5 + 7 = 16$

ed è semplice forse il riconoscimento puro e semplice della legge, ma si può fare di meglio: se si riporta nella riga sottostante il valore ottenuto, per la somma dei primi termini, e se si indica sempre l'ultimo addendo con $2i + 1$, come suggerisce l'espressione iniziale, si ottiene:

$n = 2$	$1 + (2 \cdot 1 + 1) = 4$
$n = 3$	$2^2 + (2 \cdot 2 + 1) = 9$
$n = 4$	$3^2 + (2 \cdot 3 + 1) = (3 + 1)^2 \, .$

All'inizio si possono avere dubbi: $4 = 2^2$ può essere $4 = 2 \cdot 2$, anzi lo è, ovviamente; il problema è quale scrittura sia più suggestiva della direzione giusta da prendere.

Un ulteriore passo

$n = 5$	$4^2 + (2 \cdot 4 + 1) = (4 + 1)^5$

conferma che dai calcoli diventa trasparente la formula del quadrato $(n+1)^2 = n^2 + 2n + 1$, e inoltre si intravvede lo schema del passo induttivo:

$$1 + 3 + \ldots + (2n - 1) + (2n + 1) =$$
$$n^2 + (2n + 1) = (n + 1)^2.$$

L'uso dell'ipotesi induttiva $1 + 3 + \ldots + (2n - 1) = n^2$ per sostituire $1 + 3 + \ldots + (2n - 1)$ con n^2 in $1 + 3 + \ldots + (2n - 1) + (2n + 1)$ corrisponde nei calcoli precedenti ai successivi rimpiazzamenti di $1 + 3$ con $4 = 2^2$, di $1 + 3 + 5$ con $9 = 3^2$, di $1 + 3 + 5 + 7$ con $16 = 4^2$.

La dimostrazione per induzione non è diversa dai calcoli che hanno fatto intravvedere la risposta; sono gli stessi calcoli che si ripetono (non i risultati parziali, o non solo quelli), e che *passando alle variabili* si trasformano nel passo induttivo.

Per riuscire a vedere lo schema bisogna che si facciano sì i calcoli con i numeri piccoli, ma non guardando solo al risultato, bensì allo spiegamento delle operazioni aritmetiche implicate; si ottiene il tal modo il collegamento o il passaggio dall'aritmetica all'algebra; l'algebra, rispetto all'aritmetica, non è altro che questa attenzione non al risultato numerico – che non può esserci, in presenza delle variabili – ma alla struttura e all'organizzazione delle operazioni da eseguire, e il loro trasporto alle variabili. L'importante è lasciare indicate sempre le espressioni dei calcoli eseguiti.

4.1.2 Ragionamento induttivo

Esempi di dimostrazioni per induzione se ne possono dare a bizzeffe, e se ne trovano da molte parti, ragion per cui non presentiamo se non quelli che si impongono proprio per le necessità della nostra esposizione.

Piuttosto occorre capire, e insegnare, che perché diventi naturale e spontaneo fare dimostrazioni per induzione si deve entrare nello spirito del *ragionamento induttivo*.

Il ragionamento induttivo è il ragionamento che costruisce una situazione dinamica: s'immagina un insieme di n elementi e ci si chiede: cosa succede se se ne aggiunge un altro?

Consideriamo l'esempio del numero di sottoinsiemi di un insieme; se U ha 0 elementi, $U = \emptyset$, l'unico sottoinsieme di U è U, che quindi ha un sottoinsieme; se $U = \{a\}$ ha un elemento, i suoi sottoinsiemi sono $\emptyset$ e $\{a\} = U$; se $U = \{a, b\}$ ha due elementi, i suoi sottoinsiemi sono $\emptyset, \{a\}, \{b\}, \{a, b\}$.

I conti empirici sono abbastanza complicati, da 2 in avanti; per essere sicuri di avere elencato tutti i sottoinsiemi, occorre in pratica fare il ragionamento che presentiamo sotto, e che consiste nel considerare il passaggio da un insieme con n elementi ad uno con $n + 1$; il ragionamento si può e si deve fare prima di avere la risposta; questa viene momentaneamente lasciata indicata, come incognita funzionale, con la scrittura $f(n)$ per il numero di sottoinsiemi di un insieme con n elementi.

Il ragionamento necessario è il seguente: supponiamo che un insieme con n elementi abbia $f(n)$ sottoinsiemi; se a un insieme U di n elementi si aggiunge un $a \notin U$, tra i sottoinsiemi di $U \cup \{a\}$ ci sono quelli che non contengono a, che sono quindi tutti i sottoinsiemi di U, e quelli che contengono a. Questi tuttavia si ottengono tutti da sottoinsiemi di U aggiungendo a a ciascuno di essi, e viceversa, se a ciascuno di questi si sottrae a si ottengono tutti i sottoinsiemi di U. Quindi anche i sottoinsiemi di $U \cup \{a\}$ del secondo tipo sono tanti quanti i sottoinsiemi di U. In formule l'insieme dei sottoinsiemi di $U \cup \{a\}$ è dato da

$$\{X \mid X \subseteq U\} \cup \{X \cup \{a\} \mid X \subseteq U\}\,,$$

e la cardinalità di questa unione è $f(n) + f(n)$, perché i due insiemi sono disgiunti. Ne segue ovviamente che

$$f(n+1) = 2f(n)\,.$$

Di solito le funzioni che si ottengono quando si esegue un ragionamento induttivo sono funzioni definite ricorsivamente. L'argomento delle funzioni definite ricorsivamente sarà affrontato tra breve.

Un buon esercizio è quello di trovare l'espressione aritmetica esplicita, quando questa esiste, e di spiegare cosa significa "espressione esplicita" e in cosa differisce da una definizione implicita.

Una definizione esplicita di una funzione $f(x)$ è un'uguaglianza $f(x) = \ldots$ dove l'espressione $\ldots$ *non* contiene f ma solo funzioni già note o, risalendo, una composizione delle operazioni elementari e delle loro inverse.

Non sempre si ha una definizione esplicita per una funzione che pure è trattabile per ogni valore desiderato.

Nel caso sopra considerato, da

$$f(n+1) = 2 \cdot f(n) = 2 \cdot 2 \cdot f(n-1) = 2 \cdot 2 \cdot 2 \cdot f(n-2) = \ldots$$

si può *congetturare* che, posto anche che $f(0) = 1$, sia $f(n) = 2^n$, ma i puntini si eliminano solo grazie alla dimostrazione induttiva che $f(n) = 2^n$. Nel passo induttivo si fa uso della relazione dimostrata $f(n+1) = 2f(n)$. $\square$

Un altro esempio è quello del numero di rette che passano per $n \geq 2$ punti del piano, di cui mai tre allineati. Si può dare la versione *party* nel quale le rette per due punti sono le strette di mano tra le persone che si salutano all'inizio. Se ci sono solo due persone, una sola stretta di mano, $f(2) = 1$. Se ce ne sono già n, che si sono scambiate $f(n)$ saluti, e ne arriva un'altra, questa stringe la mano alle n persone presenti, quindi

$$f(n+1) = f(n) + n\,,$$

da cui $f(n+1) = f(n-1) + (n-1) + n = \ldots$ o infine $f(n) = 1 + 2 + \ldots + (n-1)$.

Questa si può considerare la definizione esplicita se si ammette la sommatoria $\sum_1^n$ come costrutto primitivo, oppure si può cercare in questa occasione, e dimostrare, la formula $1 + 2 + \ldots + n = \frac{1}{2}n(n + 1)$. $\square$

Se si deve dimostrare che la somma degli angoli interni di un poligono convesso di n lati è $(n - 2)\pi$ si può analogamente ragionare così: se da un poligono di n lati si passa a uno di $n + 1$ lati aggiungendo un nuovo vertice

la somma degli angoli interni viene modificata con l'aggiunta degli angoli interni a un triangolo (la base è $n = 3$). $\square$

4.1.3 Induzione forte

L'induzione forte dà anch'essa origine a una forma di dimostrazione, che si trova chiamata variamente *induzione forte*, o *induzione completa* o più correttamente induzione *sul decorso dei valori*, passando prima, come per l'induzione, allo schema per ogni formula A e quindi alla regola seguente.

Per dimostrare $\forall x A(x)$ è sufficiente dimostrare $\forall x (\forall y < x A(y) \rightarrow A(x))$, ovvero, a parole, che per ogni x la validità di $A(x)$ segue dal fatto che A valga per tutti gli $y < x$:

$$\frac{\forall x (\forall y < x A(y) \rightarrow A(x))}{\forall x A(x)} \qquad \textit{Passo induttivo}$$

$\forall y < x A(y)$ si può considerare l'ipotesi induttiva, nel passo induttivo, e non c'è più bisogno della base.

Questo non significa che lo 0 sia trascurato; il fatto è che se si dimostra il passo induttivo nella sua generalità, cioè per *ogni* x, la dimostrazione vale anche per 0, per particolarizzazione, e quindi $\forall y < 0 A(y) \rightarrow A(0)$. Ora tuttavia $\forall y < 0 A(y)$ è sempre vero, essendo $\forall y (y < 0 \rightarrow A(y))$, ed essendo l'implicazione soddisfatta da ogni y per l'antecedente falso $y < 0$. Quindi si è dimostrato (qualcosa che implica) $A(0)$.

Bisogna fare attenzione che la dimostrazione del passo induttivo non stabilisca la validità di $\forall y < x A(y) \rightarrow A(x)$ solo per x da un certo punto in poi, ad esempio diverso da 0, eventualità che si può presentare, e allora i primi casi restanti vanno trattati e dimostrati a parte. Ma non è la base dell'induzione, è una distinzione di casi all'interno del passo induttivo.

La dimostrazione per induzione forte spesso semplifica i calcoli e la struttura della dimostrazione, perché nell'ipotesi induttiva sono incorporate maggiori informazioni.

Esempio: consideriamo il problema di pagare qualsiasi tassa postale maggiore di 7 centesimi con francobolli da 3 e da 5 centesimi, che è possibile. La dimostrazione si può fare per induzione, distinguendo nell'ipotesi induttiva $n = 3h + 5k$ il caso in cui $k \neq 0$ e il caso $k = 0$.

Se $k \neq 0$ si scrive $n = 3h + 5(k-1) + 5$, quindi $n + 1 = 3h + 5(k-1) + 6$, e infine $n + 1 = 3(h + 2) + 5(k - 1)$. Se $k = 0$, $n = 3h$, ma n può essere al minimo 9, e quindi $h \geq 3$, e si può scrivere $n + 1 = 3(h - 3) + 9 + 1 = 3(h - 3) + 5 \cdot 2$.

Con l'induzione forte non c'è bisogno della distinzione dei casi, e nessun calcolo; dato un numero qualunque $n > 7$, ammesso che la possibilità di affrancare con bolli da 3 e 5 valga per tutti i numeri minori di n e maggiori di 7, si consideri $n - 3$. Questa cifra può essere realizzata con bolli da 3 e 5, per cui basta aggiungere un bollo da 3.

Tuttavia il ragionamento funziona solo per gli n tali che $n - 3$ sia maggiore di 7, quindi non per 8, 9, 10. Quindi il passo induttivo come svolto sopra non copre tutti i numeri, e questi tre casi devono essere trattati a parte per completare il passo induttivo. □

Tra l'induzione normale e quella forte esistono varianti intermedie, in cui per ogni x la validità di $A(x)$ è dimostrata a partire da quella di A per alcuni specificati predecessori. Ad esempio

$A(0)$	*Base*
$A(1)$	*Base*
$\dfrac{\forall x(A(x) \land A(x + 1) \to A(x + 2))}{\forall x A(x)}$	*Passo induttivo*

Questa forma di induzione si giustifica con l'induzione normale, considerando la formula

$$B(x) \leftrightarrow A(x) \land A(x + 1)$$

e dimostrando $\forall x B(x)$ (da cui ovviamente $\forall x A(x)$) per induzione, utilizzando le assunzioni relative ad A:

Base: $B(0)$ segue da $A(0)$ e $A(1)$.
Passo induttivo: Ammesso $B(x)$, quindi $A(x) \land A(x+1)$, dal passo induttivo per A si deduce $A(x + 2)$, quindi $A(x + 1) \land A(x + 2)$, cioè $B(x + 1)$. □

Varianti di questo genere corrispondono ad analoghe varianti della ricorsione primitiva (che discuteremo più avanti), e permettono di dimostrare le proprietà della funzioni così definite. Ad esempio la forma di induzione di sopra è quella adatta a dimostrare proprietà della successione di Fibonacci

$$0, 1, 1, 2, 3, 5, 8, 13, \dots$$

definita con una particolare ricorsione da

$$\begin{cases} a_0 & = 0 \\ a_1 & = 1 \\ a_{n+2} & = a_n + a_{n+1} \,. \end{cases}$$

Come applicazione, dimostriamo che

$$a_n = \frac{1}{\sqrt{5}}(\alpha^n - \beta^n)$$

dove

$$\alpha = \frac{1}{2}\left(1 + \sqrt{5}\right) \qquad e \qquad \beta = \frac{1}{2}\left(1 - \sqrt{5}\right)$$

sono le radici dell'equazione $x^2 - x - 1 = 0$, α la cosiddetta *sezione aurea*.
Per induzione:

Base: Per $n = 0$ la formula si riduce a $a_0 = 0$ e per $n = 1$ a $a_1 = 1$.
Passo induttivo: Poiché

$$a_n = a_{n-1} + a_{n-2}$$

per ipotesi induttiva si ha

$$a_n = \frac{1}{\sqrt{5}}\left(\alpha^{n-1} - \beta^{n-1} + \alpha^{n-2} - \beta^{n-2}\right)$$

quindi

$$a_n = \frac{1}{\sqrt{5}}\left(\alpha^{n-2}(\alpha + 1) - \beta^{n-2}(\beta + 1)\right).$$

Ma $\alpha + 1 = \alpha^2$ e $\beta + 1 = \beta^2$, per cui

$$a_n = \frac{1}{\sqrt{5}}(\alpha^n - \beta^n). \quad \square$$

4.1.4 Discesa finita

Altre forme di dimostrazione corrispondono a qualcuna delle versioni equivalenti del principio di induzione; è importante far vedere come a ogni trasformazione equivalente di un principio, o di un teorema corrispondano nuove possibilità argomentative, e come ciascuna di queste sia più adatta a certi problemi e a certi contesti.

Il principio del minimo è anche equivalente all'affermazione che non esistono catene discendenti infinite; se una successione $\{a_n\}$ fosse tale che $\ldots < a_{n+1} < a_n < \ldots < a_0$, l'insieme $\{a_n: n \in \mathbb{N}\}$ non avrebbe minimo.

Viceversa, dato un insieme non vuoto X, preso un suo elemento a_0, se non è il minimo di X si può trovare un altro suo elemento $a_1 < a_0$, e se neanche a_1 è il minimo si continua, ma siccome la successione così generata non può essere infinita, si trova un a_k che è il minimo di X. $\square$

Al principio del minimo si dà ancora un'altra formulazione nota come *principio della discesa finita*. Esso afferma che se una proprietà P vale per un $k > 0$, e quando vale per un $n > 0$ qualunque allora vale anche per un numero minore di n, allora P vale per 0.

Infatti in queste ipotesi, in cui l'insieme degli n che soddisfa P non è vuoto, il minimo deve essere 0, perché un $n > 0$, non sarebbe il minimo, in quanto anche qualche numero minore soddisferebbe P.

Viceversa, ammesso il principio della discesa finita per ogni proprietà, e dato un insieme X non vuoto, consideriamo la proprietà P di appartenere a X. O la proprietà P vale per 0, e 0 è allora ovviamente il minimo di X, oppure 0 non ha la proprietà P. In questo caso, non è vero per P che per ogni n che ha la proprietà P anche uno minore ha la proprietà P. Quindi esiste un n che soddisfa P ma tale che nessun suo predecessore soddisfa P, ed n è il minimo di X. $\square$

Il principio della discesa finita è la forma nella quale è stata usata nei rari casi l'induzione nell'antichità e fino a quando Pascal non l'ha codificata nella forma che conosciamo. Fermat usa ancora il principio della discesa finita nelle sue *Osservazioni su Diofanto*.

Alcune delle prime dimostrazioni della incommensurabilità di lato e diagonale del quadrato sono basate sullo stesso principio, ad esempio quella di Euclide (ca. 300 a. C.).

Supponiamo per assurdo che esiste un quadrato $EFGH$ di lato l e diagonale d interi, e per Pitagora $2l^2 = d^2$, quindi d pari

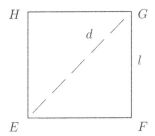

Si costruisca

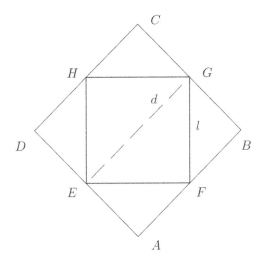

ovvero, ruotando per maggiore chiarezza

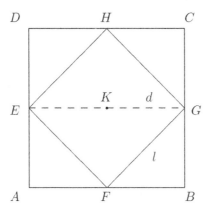

Si individua allora un quadrato con lato $d/2$ e diagonale l interi e $2l^2 = d^2$, da cui l pari,

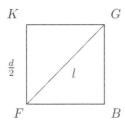

e si può iterare.

Dal punto di vista geometrico sembra che la riduzione si possa ripetere indefinitamente: il continuo è indefinitamente divisibile. Ma non è così perché continuando a dimezzare i segmenti di lunghezza pari si arriva a 2, e quindi a 1, e a quel punto non si può più dimezzare.

In generale la costruzione non può continuare indefinitamente perché non esistono successioni decrescenti di numeri interi. Se si può fare una prima riduzione come quella illustrata, la si può iterare indefinitamente; ma non la si può iterare indefinitamente, quindi non si può fare neanche una volta; dunque il quadrato iniziale (con le ipotesi fatte) non esisteva. □

4.1.5 Terminazione di algoritmi

Il principio della discesa finita non appare molto di frequente in aritmetica, ma è alla base di tutte le dimostrazioni di terminazione degli algoritmi, quando ad un algoritmo si associa una misura che decresce ad ogni esecuzione di un passo dell'algoritmo.

Esempi elementari classici sono l'algoritmo di Euclide per il massimo comune divisore o quello per la divisione come iterazione di sottrazioni.

L'argomento è e dovrebbe diventare sempre più importante nell'educazione matematica, per cui merita che ci si soffermi con un esempio, e con l'esempio di un algoritmo non numerico.

Supponiamo di voler trasformare una proposizione in forma normale congiuntiva, cioè in una congiunzione generalizzata di disgiunzioni generalizzate di letterali (lettere o negazioni di lettere):

$$(p \vee \neg q \vee \ldots) \wedge (p \vee q \vee \ldots) \wedge \ldots \wedge (\neg p \vee \neg r \vee \ldots)$$

Alcuni passi preliminari di preparazione eliminano gli altri connettivi e forniscono una proposizione equivalente che è scritta solo con i connettivi $\vee$ e $\wedge$ a partire da letterali. Ma la distribuzione di $\vee$ e $\wedge$ può non essere quella richiesta.

Consideriamo allora il connettivo principale della proposizione; se è $\wedge$, passiamo alle due sottoproposizioni immediate trasformandole separatamente con il procedimento sotto descritto[3] e facendo alla fine la congiunzione delle due forme congiuntive così ottenute, che è una forma congiuntiva; se il connettivo principale è $\vee$, e la proposizione è della forma $A \vee B$, è necessaria qualche trasformazione.

Se in A non occorresse per nulla $\wedge$, potremmo lavorare su B come sarà detto sotto alla fine delle trasformazioni ora descritte. Possiamo allora supporre che A sia della forma $C \wedge D$, perché se A a sua volta fosse una disgiunzione $C \vee D$, potremmo considerare al suo posto l'equivalente $C \vee (D \vee B)$ e andare a cercare $\wedge$ in C, oppure in D dopo aver fatto lo scambio con l'equivalente $D \vee (C \vee B)$.

La proposizione data $(C \wedge D) \vee B$ si trasforma allora per la proprietà distributiva nella equivalente $(C \vee B) \wedge (D \vee B)$ e possiamo applicare ricorsivamente e separatamente il procedimento alle due proposizioni *più corte* $C \vee B$ e $D \vee B$, ricongiungendo con $\wedge$ alla fine i due risultati.

Siccome ogni stadio del procedimento porta a ripartire col procedimento su proposizioni più corte, e la lunghezza è un numero naturale, il processo deve terminare, e a un certo punto si arriva a una $E \vee B$ dove in E non occorre più $\wedge$. Allora se in B non occorre $\wedge$ si ha una disgiunzione che fornisce uno dei congiunti della forma normale congiuntiva (da congiungere con gli altri che derivano dallo stesso procedimento applicato ad altre sottoformule). Altrimenti se B è della forma $F \wedge G$, $E \vee B$ equivalente a $(E \vee F) \wedge (E \vee G)$ e si riapplica l'algoritmo a $E \vee F$ e $E \vee G$. Se in B occorre $\wedge$ ma non è il connettivo principale si procede come indicato sopra per A a scorporarne delle parti da unire a E finché si arriva a poter applicare la proprietà distributiva. $\square$

Gli studenti che si cimentano in esercizi di questo genere spesso, in modo del tutto analogo a quello che succede con le manipolazioni algebriche, procedono in modo casuale ad applicare le proprietà distributive, aumentando per la loro disperazione la complessità delle espressioni, o finendo in ciclo. La consapevolezza che l'algoritmo termina comporta anche la comprensione del modo in cui va applicato perché termini.

---

[3] L'algoritmo che stiamo presentando è del tipo di quelli che si chiamano ricorsivi.

Le dimostrazioni aiutano ad applicare meglio o nel modo corretto gli algoritmi[4].

In 3.7 abbiamo accennato al fatto che oltre a $\mathbb{N}$ anche i buoni ordini su $\mathbb{N}^n$ intervengono nella verifica dei programmi.

Siccome gli algoritmi usualmente sono non numerici (quelli che sarebbero algoritmi numerici si chiamano "formule risolutive" o simili, e non sono *studiati* come algoritmi), vedremo ora come si giustifica la dimostrazione per induzione nella forma che è stata proposta nell'esempio appena trattato.

4.1.6 Induzione sull'altezza

L'induzione è la tecnica dimostrativa per eccellenza nel caso di strutture definite induttivamente (dal basso).

L'induzione, su n, prende in esame non solo tutti i numeri naturali, ma tutti gli elementi di tutti i livelli I_n della gerarchia in cui è strutturato I.

Per dimostrare che ogni elemento di I ha una proprietà P si dimostra

$$\forall n \forall x \in I_n P(x)\,.$$

e la dimostrazione quindi assume la forma

Base: Ogni elemento di I_0 ha la proprietà P.

Passo induttivo: Ammesso che ogni elemento di I_n abbia la proprietà P, si dimostra che ogni elemento di I_{n+1} ha la proprietà P.

Una versione che di solito è più comoda, soprattutto quando la definizione è cumulativa, è la seguente.

Ad ogni elemento $x \in I$ è associato un numero, il più piccolo n tale che $x \in I_n$. Chiamiamo *altezza* di x questo numero. Gli elementi di altezza n sono gli elementi di $I_n \setminus \bigcup_{i=0}^{n-1} I_i$.

Ad esempio, l'altezza di un polinomio rispetto alla definizione induttiva di P presentata a suo tempo è il grado del polinomio.

Una dimostrazione per induzione *sull'altezza* di x è una dimostrazione per induzione forte che si presenta nella seguente forma:

Passo induttivo: Ammesso che ogni elemento di altezza minore di n abbia la proprietà P, si dimostra che ogni elemento di altezza n ha la proprietàP.

Ad esempio, dimostriamo[5] che:

Ogni proposizione ha un numero pari di parentesi.

---

[4] Questa opportunità va aggiunta all'elenco delle 39 funzioni delle dimostrazioni discusse in G. Lolli, *QED. Fenomenologia della dimostrazione*, Bollati Boringhieri, Torino, 2005.

[5] Ovviamente la proprietà discussa si giustifica semplicemente osservando che ogni volta che si forma una nuova proposizione composta si aggiungono due simboli di parentesi, ma si sa riconoscere la dipendenza dalla definizione induttiva delle proposizioni? La dimostrazione è proposta poi per mettere in evidenza tutti i passi di una dimostrazione per induzione sull'altezza.

Dimostrazione Supponiamo che tutte le proposizioni di altezza minore di n abbiano un numero pari di parentesi. Indichiamo con $\sharp A$ il numero di parentesi di A.

Sia A una proposizione di altezza n.

Se $n > 0$, A è una proposizione composta: o A è $(\neg B)$ o A è $(B \bullet C)$ con un connettivo binario, e in ogni caso le sue componenti hanno altezza minore di quella di A.

Nel primo caso, per ipotesi induttiva $\sharp B$ è un numero pari e $\sharp A = \sharp B + 2$ è anch'esso pari. Nel secondo caso, per ipotesi induttiva $\sharp B$ e $\sharp C$ sono pari e $\sharp A = \sharp B + \sharp C + 2$ è anch'esso pari[6].

Se $n = 0$, l'ipotesi induttiva non è applicabile, perché non esistono proposizioni di altezza minore, ma non serve, perché A è della forma (p), e ha due parentesi. $\square$

Nell'esempio precedente relativo alle forme normali l'induzione non era sull'altezza ma sulla lunghezza: $C \vee B$ e $D \vee B$ potrebbero avere la stessa altezza di $A \vee B$, se prevale l'altezza di B, mentre hanno lunghezza minore. Ma l'importante è che ci si appoggi sempre a una misura numerica ben definita, decrescente a ogni applicazione dell'algoritmo. Si dà una definizione generale assiomatica di "misura", sotto la quale ricadono quelle usualmente adottate[7].

Ci siamo dilungati sull'induzione perché essa è la prima finestra attraverso la quale ci si affaccia sull'infinito; anche nel trattare questioni aritmetiche, o riguardanti insiemi finiti, la volontà di scoprire proprietà che valgano per tutti implica l'accettazione che il dominio della matematica è infinito, e per questo le nostre esplorazioni devono essere sostenute non solo da osservazioni ma da forme di ragionamento che abbiano una validità non ristretta a quanto di tocca con mano, in una parola da dimostrazioni.

4.2 Ricorsione primitiva

Date due funzioni definite sui numeri naturali: $g(x_1, \ldots, x_r)$ a r argomenti e $h(x_1, \ldots, x_r, x, y)$ a $r + 2$ argomenti[8], dove r può essere 0, nel qual caso g

---

[6] Si noti che se A ha altezza $n + 1$ non è detto che sia B sia C abbiano altezza n; l'induzione deve per forza essere del tipo forte.

[7] Basta chiedere che sia una funzione $I \longrightarrow \mathbb{N}$ e tutti gli elementi di I_0 abbiano misura minima, e che tutti gli elementi di I_{n+1} abbiano misura maggiore degli elementi di I_n.

[8] In verità, per considerare tutti i casi possibili, g ed h non devono avere necessariamente lo stesso numero di parametri, e h può non dipendere esplicitamente da x. Sarebbe tuttavia difficile scrivere una formula che li comprenda tutti, e d'altra parte questi casi si riducono a quello qui presentato per mezzo di funzioni di proiezione, con una soluzione sulla quale non è interessante soffermarsi, nel presente contesto.

è una (funzione) costante, si dice che la coppia di equazioni

$$\begin{cases} f(x_1, \ldots, x_r, 0) = g(x_1, \ldots, x_r) \\ f(x_1, \ldots, x_r, s(x)) = h(x_1, \ldots, x_r, x, f(x_1, \ldots, x_r, x)) \end{cases}$$

definisce ricorsivamente $f(x_1, \ldots, x_r, x)$ a partire da g e h. x è la variabile di ricorsione, le altre variabili di f sono i parametri.

Questa forma di ricorsione si chiama propriamente *ricorsione primitiva*, ma noi non cosidereremo le forme più generali di ricorsione, e spesso ometteremo la precisazione "primitiva".

Il teorema di ricorsione afferma che esiste una e una sola funzione $f \colon \mathbb{N}^{r+1} \longrightarrow \mathbb{N}$ soddisfacente le equazioni per tutti gli elementi del dominio. Abbiamo accennato alla dimostrazione, a proposito delle definizioni per ricorsione su buoni ordini.

In una ricorsione primitiva, il valore di f (con valori fissati dei parametri) per ogni numero[9] $s(x)$ maggiore di 0 dipende, attraverso le operazioni note g e h, dal valore di f per il predecessore x.

L'equazione

$$f(x_1, \ldots, x_r, s(x)) = h(x_1, \ldots, x_r, x, f(x_1, \ldots, x_r, x))$$

appare circolare, ma non lo è, perché la parte sinistra $f(x_1, \ldots, x_r, s(x))$ non presuppone che la parte destra conosca tutta f, ma solo valori per argomenti minori.

In effetti la dimostrazione di esistenza, se f è concepita come un insieme infinito di coppie ordinate, consiste nel considerare tutte le f_n definite soltanto su segmenti iniziali $\mathbb{N}_{n+1}$, e che soddisfano le equazioni definitorie sul loro dominio, e nel prenderne l'unione.

Se invece f è concepita come una regola di calcolo, le equazioni permettono di calcolare il valore per ogni argomento, ammesso che si sappiano calcolare ovunque le funzioni g ed h.

Si dice brevemente che se g e h sono funzioni effettivamente calcolabili, allora anche f è effettivamente calcolabile, e il teorema di ricorsione diventa un caposaldo della teoria della calcolabilità.

Le funzioni in gioco hanno argomenti numerici ma possono avere valori non numerici: se

$$g \colon \mathbb{N}^r \longrightarrow X$$

e

$$h \colon \mathbb{N}^{r+1} \times Z \longrightarrow X$$

f risulta

$$f \colon \mathbb{N}^{r+1} \longrightarrow X .$$

Come per le dimostrazioni per induzione, è possibile definire funzioni con dominio $\mathbb{N} \setminus m$ per la variabile di ricorsione definendo la funzione f nella base

---

[9] Abbiamo già detto che si dimostra, nello sviluppo iniziale dell'aritmetica formale, che se $y \neq 0$ allora $\exists x(y = s(x))$, oppure lo si assume se l'induzione è sostituita dal buon ordinamento.

della ricorsione (la prima equazione) su m invece che su 0, e postulando la seconda equazione per gli $s(x) > m$.

Come per l'induzione, si possono presentare varianti del tipo

$$\begin{cases} f(\overline{y}, 0) & = g_1(\overline{y}) \\ f(\overline{y}, 1) & = g_2(\overline{y}) \\ f(\overline{y}, s(s(x))) = h(\overline{y}, x, f(\overline{y}, s(x)), f(\overline{y}, x)) \end{cases}$$

con r-uple di parametri $\overline{y}$, o altre varianti ancora, che si possono tuttavia ricondurre alla forma standard.

4.2.1 Le operazioni aritmetiche

Con una semplice ricorsione primitiva si definisce l'addizione:

$$\begin{cases} y + 0 & = y \\ y + s(x) = s(y + x) \,. \end{cases}$$

In queste equazioni $+$ è il nuovo simbolo per la funzione da definire, a due argomenti; y funge da parametro e x da variabile di ricorsione. Le funzioni date sono per la prima equazione la funzione identità $y \mapsto y$ e per la seconda la funzione successore.

Si vede qui che, se con 1 si indica $s(0)$, allora $x + 1 = x + s(0) = s(x + 0) = s(x)$. In sostanza, il $+1$ viene dopo il $+$, che invece dipende da s; non si tratta di una battuta ma di una osservazione che ha un rilievo strategico. Spesso si dice che i numeri sono generati da $+1$, come se $+1$ fosse un'operazione in sé, l'aggiunta di un qualcosa; una tale descrizione presenta i numeri come se appunto fossero generati progressivamente e indefinitamente, ma individualmente, dal basso, a partire da un inizio. Invece la funzione s è data sull'insieme completo dei numeri, viene dopo o contemporaneamente alla loro totalità. Si tratta di una visione molto diversa, a prescindere dalla formulazione insiemistica.

Come abbiamo detto in precedenza in 3.3, per mezzo dell'addizione si introduce la relazione $<$, se questa non è un simbolo primitivo. Se lo è, essa è caratterizzata da assiomi che possono essere o i soliti assiomi dell'ordine oppure la seguente coppia di condizioni ricorsive

$$\begin{cases} y \not< 0 \\ y < s(x) \leftrightarrow y < x \lor y = x \,, \end{cases}$$

per mezzo delle quali si dimostrano le proprietà di ordine con l'induzione.

Si dimostra anche che se $x \neq 0$ allora $y + x > y$. Per induzione con base 1:

$$y + 1 = s(y + 0) = s(y) > y \,,$$

e

se $y + x > y$ allora $y + s(x) = s(y + x) > y \,.$

Da questa relazione seguirà poi che $y \cdot x > y$ se $x > 1$ e che $2^x > x$.

Con l'addizione a disposizione si definisce ricorsivamente la moltiplicazione come una iterazione dell'addizione con le equazioni:

$$\begin{cases} y \cdot 0 & = 0 \\ y \cdot s(x) = y \cdot x + y. \end{cases}$$

La formula $y \cdot s(x) = y \cdot x + y$ è tra le più importanti della matematica, perché contiene in sé la generazione della proprietà distributiva.

Infatti $y \cdot (x + z) = y \cdot x + y \cdot z$ si deriva per induzione su z:

Base

$$y \cdot (x + 0) = y \cdot x = y \cdot x + 0 = y \cdot x + y \cdot 0$$

Passo induttivo

$$\begin{aligned} y \cdot (x + s(z)) &= y \cdot s(x + z) \\ &= y \cdot (x + z) + y \\ &= (y \cdot x + y \cdot z) + z \\ &= y \cdot x + (y \cdot z + z) \\ &= y \cdot x + y \cdot s(z). \end{aligned}$$

La definizione ricorsiva della moltiplicazione, con il germe della distributività, fornisce l'occasione di una riflessione che va oltre quella permessa da Euclide II.1 e dalla figura

che mostra come il rettangolo di lati $a + b$ e c sia la somma dei rettangoli di lati rispettivamente a, c e b, c.

La proprietà distributiva ha una rilevanza fondamentale per l'estensione della moltiplicazione agli interi, positivi e negativi. Da essa segue le regola dei segni, che fissa la moltiplicazione con i numeri negativi; precisamente, esiste un solo modo[10] di estendere la moltiplicazione definita su $\mathbb{N}$ a $\mathbb{Z}$ in modo che restino valide le due leggi:

$$\begin{cases} x \cdot 1 & = x \\ (x + y) \cdot z = x \cdot z + y \cdot z \end{cases}$$

ed è di porre

$$\begin{aligned} (-n) \cdot (-m) &= n \cdot m \\ (-n) \cdot m &= -(n \cdot m) \\ n \cdot (-m) &= -(n \cdot m). \end{aligned}$$

---

[10] Si veda la discussione della regola dei segni in B. Mazur, *Imagining Numbers*, Farrar, Strauss and Giroux, New York, 2003.

Infatti la seconda, ad esempio, segue per induzione su m, perché siccome $(-n) \cdot 1 = -n$, allora

$$\begin{aligned}
(-n) \cdot (m+1) &= (-n) \cdot m + (-n) \\
&= -(n \cdot m) + (-n) \\
&= -(n \cdot m + n) \\
&= -(n \cdot (m+1)).
\end{aligned}$$

Basta questa, perché ad esempio la prima si ottiene dalla seconda e da

$$\begin{aligned}
(-n) \cdot (-m) + (-(n \cdot m)) &= (-n) \cdot (-m) + (-n) \cdot m \\
&= (-n)((-m) + m) \\
&= (-n) \cdot 0 \\
&= 0
\end{aligned}$$

da cui $(-n) \cdot (-m) = n \cdot m$ per l'unicità dell'opposto.

Dopo l'introduzione delle equazioni che definiscono somma e prodotto, è il momento giusto per ricordare quali sono gli assiomi di Peano per l'aritmetica, come si intendono oggi, scritti in un linguaggio che ha solo variabili per numeri, e i simboli 0 ed s. La loro giustificazione segue la presentazione che abbiamo adottato, secondo Dedekind. In notazione moderna, gli assiomi di Peano vogliono dire che $\mathbb{N}$, o un qualsiasi modello degli assiomi, deve essere un insieme infinito, quindi avere una iniezione, indicata da s, tale che un elemento, indicato da 0, non appartiene all'immagine; questo insieme deve essere minimale, quindi l'induzione. I primi tre assiomi sono:

1. $\forall x, y (x \neq y \rightarrow s(s) \neq s(y))$
2. $\forall x (0 \neq s(x))$
3. Induzione.

Questi sarebbero tutti gli assiomi (proprio quelli di Peano, salvo la traduzione dalla sua ideografia) se il linguaggio avesse variabili per insiemi e l'induzione fosse formulata come un solo enunciato. Se invece il linguaggio è quello del primo ordine per l'aritmetica, dove i quantificatori variano solo sui numeri, e l'induzione è uno schema per formule A con i soli simboli primitivi 0 e s, ad essi si aggiungono le quattro equazioni viste sopra che definiscono somma e prodotto. Il sistema di assiomi che si ottiene è indicato in genere con l'acronimo PA.

Siccome non si può parlare di insiemi, non si può dimostrare il teorema di ricorsione se le operazioni sono insiemi. Tuttavia una volta disponibile la moltiplicazione, grazie a una geniale codifica delle successioni finite di numeri mediante numeri[11], si possono trattare

---

[11] Ricavata da Gödel dal teorema cinese del resto.

aritmeticamente gli insiemi finiti e giustificare la ricorsione primitiva: date le equazioni ricorsive, si dimostra che per ogni argomento della f esiste uno ed un solo valore derivabile dalle equazioni stesse.

In modo analogo si definiscono la potenza, come iterazione del prodotto,

$$\begin{cases} y^0 & = 1 \\ y^{s(x)} & = y^x \cdot y \end{cases}$$

con base $y \neq 0$, e altre operazioni aritmetiche. Ad esempio il fattoriale

$$\begin{cases} 0! & = 1 \\ s(x)! = x! \cdot s(x) \end{cases}$$

o la sommatoria

$$\begin{cases} \sum_{i=0}^{0} a_i = a_0 \\ \sum_{i=0}^{n+1} a_i = \left(\sum_{i=0}^{n} a_i \right) + a_{n+1} \end{cases}$$

e altre ancora.

Alcune operazioni che in $\mathbb{N}$ non sono ovunque definite si estendono a funzioni totali con il valore 0. Ad esempio il predecessore è definito da

$$\begin{cases} p(0) & = 0 \\ p(s(x)) & = x \end{cases}$$

e la differenza da

$$\begin{cases} y \dot{-} 0 & = y \\ y \dot{-} s(x) = p(y \dot{-} x). \end{cases}$$

Nell'aritmetica di solito non si considerano queste funzioni perché si tende per esse a passare subito agli interi relativi, ma sono utili in uno sviluppo sistematico della classe delle funzioni ricorsive primitive per scrivere tutte le formule necessarie.

4.2.2 Funzioni ricorsive primitive

La familiarità con le definizioni ricorsive costituisce una introduzione alla calcolabilità, e al perché qualcosa è calcolabile. Un buon esercizio, oltre che utile anche più interessante, consiste nel far vedere che altri tipi di definizioni sono riconducibili a, o sostituibili da quella per ricorsione, e che questa allora, in combinazione con la composizione di funzioni, è sufficiente a introdurre, a partire dalla sola s, un'ampia classe di funzioni e relazioni aritmetiche, che si chiamano ricorsive primitive, praticamente tutte quelle che si incontrano nella scuola[12]. L'esercizio corrisponde, o si può svolgere in parallelo a quello di programmare tutte queste funzioni in un linguaggio fissato

---

[12] Una relazione è ricorsiva primitiva se lo è la sua funzione caratteristica, cioè la funzione che vale 1 o 0 a seconda che la relazione sussista o no. Lo stesso per gli insiemi detti ricorsivi primitivi, qui anche più brevemente ricorsivi.

di programmazione. Uno svolgimento sistematico completo sarebbe troppo impegnativo, e il lettore dovrà sopperire alle lacune con la sua maturità matematica[13].

Ad esempio la definizione per casi si riduce a una definizione esplicita, cioè a una composizione con l'ausilio di somma, sottrazione, prodotto e funzioni caratteristiche.

Se

$$f(x) = \begin{cases} h_1(x) & \text{se } x \in A \\ h_2(x) & \text{altrimenti} \end{cases}$$

e se δ_A è la funzione caratteristica di A[14],

$$f(x) = h_1(x) \cdot \delta_A(x) + h_2(x)(1 - \delta_A(x)) \,.$$

La definizione per casi può essere incorporata all'interno di una definizione ricorsiva.

Ecco ad esempio il modo di definire il quoziente con il resto, simultaneamente, se indichiamo con q_m il quoziente della divisione di m per n e con r_m il resto della divisione di m per n[15]:

$$\begin{cases} q_{m+1} = \begin{cases} q_m & \text{se } r_m < n - 1 \\ q_m + 1 & \text{se } r_m = n - 1 \end{cases} \\[2em] r_{m+1} = \begin{cases} r_m + 1 & \text{se } r_m < n - 1 \\ 0 & \text{se } r_m = n - 1 \end{cases} \end{cases}$$

L'esempio mostra anche come si possano definire contemporaneamente due funzioni, ciascuna in termini di sé e dell'altra. La riconduzione alla forma usuale di ricorsione per una sola funzione si ottiene formalmente considerando coppie ordinate di funzioni (dopo aver introdotto una codifica aritmetica delle coppie ordinate e delle proiezioni, con l'artificio a cui si riferisce la nota 11).

Se si usano gli operatori booleani (i connettivi proposizionali) per definire relazioni a partire da relazioni ricorsive si ottengono relazioni ricorsive.

---

[13] Si veda G. Ausiello, *Complessità di calcolo delle funzioni*, Boringhieri, Torino, 1975.

[14] Si potrebbe obiettare che la funzione caratteristica di A sembra a sua volta definita per casi, ma non è così, non c'è circolarità perché

$$\delta_A(x) = \begin{cases} 1 & \text{se } x \in A \\ 0 & \text{altrimenti} \end{cases}$$

non è la definizione di δ_A, ma solo la spiegazione di come δ_A si comporta; la definizione dipende da quella di A: se A è un insieme ricorsivo la sua funzione caratteristica, comunque definita, è una funzione ricorsiva.

[15] Bisognerebbe scrivere $q(m,n)$ e $r(m,n)$, o $q_m(n)$ e $r_m(n)$, ma evitiamo appesantimenti.

Il complemento di un insieme ricorsivo è ricorsivo: se δ_X è la funzione caratteristica di X, $1 - \delta_X$ è la funzione caratteristica di $\mathbb{N} \setminus X$; il prodotto $\delta_X \cdot \delta_Y$ è la funzione caratteristica dell'intersezione $X \cap Y$, e analogamente per l'unione.

Particolarmente importante è la realizzazione mediante ricorsione delle ricerche limitate, che corrispondono alla descrizione delle stesse mediante formule con quantificatori ristretti.

Si può definire una funzione prendendo come suo valore per un argomento dato x il più piccolo numero y che soddisfa una determinata condizione $A(x, y)$, purché ce ne sia uno minore o uguale a un numero n, altrimenti si dà un valore convenzionale fissato a[16]. Si usa ricondurre le condizioni $A(x, y)$ alla forma $g(x, y) = 0$.

Si ottiene allora una funzione di due variabili che si suole indicare così

$$f(x, n) = \mu y \le n(g(x, y) = 0)$$

che si legge brevemente, anche se imprecisamente, "$f(x, n)$ è uguale al più piccolo y minore o uguale a n tale che $g(x, y) = 0$".

La definizione è chiamata un'applicazione del **principio del minimo ristretto**.

Praticamente si tratta di una ricerca: si prova se $g(x, 0) = 0$, se $g(x, 1) = 0$, se $g(x, 2) = 0$ e così via ordinatamente finché si trova y tale che $g(x, y) = 0$, e quell'y è il valore di $f(x, n)$.

La funzione f è definita dalla formula

$$f(x, n) = z \leftrightarrow z \le n \wedge g(x, z) = 0 \wedge \forall u < z(g(x, u) \ne 0)$$

dove si vede che il quantificatore universale è ristretto al segmento finito $[0, z)$.

La funzione $f(x, n) = \mu y \le n(g(x, y) = 0)$ può essere definita ricorsivamente con una serie di passaggi: si può scrivere

$$f(x, n) = \begin{cases} \sum_{i=0}^{n} h(x, i) & \text{se } \sum_{i=0}^{n} h(x, i) \ne n + 1 \\ a & \text{se } \sum_{i=0}^{n} h(x, i) = n + 1 \end{cases}$$

dove ogni $h(x, i)$ per x fissato vale 1 al variare di i finché $g(x, i)$ non è 0 e vale 0 dal primo i per cui $g(x, i)$ vale 0 in poi.

Se si indica con sg_g la funzione che vale 0 se g vale 0 e vale 1 se g ha un valore diverso da 0 (sg sta per "segno"), si ha

$$\begin{cases} h(x, 0) & = sg_g(x, 0) \\ h(x, i + 1) & = h(x, i) \cdot sg_g(x, i). \end{cases}$$

Quindi se g è ricorsiva anche f è ricorsiva. $\square$

---

[16] Un valore che funziona sempre come avvertimento negativo è $n + 1$. Per applicare l'operatore di minimo ristretto si cerca comunque prima di dimostrare che un x come desiderato esiste entro il confine stabilito.

Nel principio del minimo ristretto in f e g si possono mettere ulteriori parametri, o togliere x, e la limitazione $\mu y \leq n$ può essere generalizzata a $\mu y \leq h(n)$ con h ricorsiva.

La definizione di minimo comune multiplo di due numeri è un esempio di applicazione del minimo ristretto; se $x \mid y$ indica che x divide y^{17},

$$mcm(m, n) = \mu y \leq m \cdot n(m \mid y \wedge n \mid y).$$

Dopo aver visto come l'operatore di minimo ristretto è realizzabile con ricorsioni primitive, si può dimostrare in generale che se si usa una definizione con una formula dove i quantificatori che intervengono sono tutti ristretti si resta nel dominio del ricorsivo primitivo. La funzione caratteristica della relazione $\{\langle x, y \rangle \colon \exists z \leq yA(x, z)\}$ si ottiene infatti da $\mu z \leq yA(x, z)$ prendendo il valore 1 se questa ha un valore numerico qualsiasi tra 0 e y, e 0 se questa vale a (o quello che è il valore convenzionale).

Il principio del minimo *non* ristretto è un altro utile e ancor più potente metodo di definizione di funzioni: a ogni x (o a più elementi se si tratta di funzione a più argomenti) si associa il minimo y tale che $A(x, y)$, ammesso di sapere che esistono degli y tali che $A(x, y)$, dove $A(x, y)$ è una formula, ma senza una limitazione superiore. Si scrive: $f(x) = \mu yA(x, y)$.

Tale operatore porta tuttavia fuori della classe delle funzioni ricorsive primitive – ma non di quelle effettivamente calcolabili. Funzioni definite iterando composizione, ricorsione primitiva e operatore di minimo sono dette ricorsive generali. La definizione di questa classe di funzioni non è tuttavia soddisfacente, in quanto un elemento non costruttivo entra nella definizione del minimo, vale a dire la necessità di sapere, o dimostrare, che $\forall x \exists yA(x, y)$.

Si preferisce considerare l'operatore di minimo $\mu yA(x, y)$ anche nei casi in cui non si sa se esistono degli y tali che $A(x, y)$; allora non c'è bisogno di dimostrare nulla preventivamente su A. Se per certi x non esistono y tali che $A(x, y)$ ci si deve aspettare che la ricerca di $\mu yA(x, y)$ possa prolungarsi all'infinito e non concludersi, ovvero essere indefinita.

Si introduce un nuovo simbolo di uguaglianza $\simeq$, con la convenzione che

$$f(x) \simeq \mu yA(x, y)$$

sia da intendersi che o entrambi i membri sono definiti, e allora sono uguali, oppure entrambi sono indefiniti.

Una funzione f introdotta in tale modo può risultare non ovunque definita, e il suo dominio non uguale a $\mathbb{N}$, e si chiama funzione parziale.

---

[17] Ovvero $\exists z \leq x(y \cdot z = x)$. Ci preoccupiamo di scrivere $z \leq x$ per notare che la relazione di divisibilità è ricorsiva primitiva, come è spiegato subito sotto.

Composizione, ricorsione primitiva e operatore di minimo individuano la classe delle funzioni ricorsive parziali, che coincidono con le funzioni effettivamente calcolabili secondo vari (ed equivalenti) modelli di computazione[18].

Rispetto ai costrutti dei linguaggi di programmazione strutturata, la ricorsione primitiva corrisponde al FOR $i = 1$ TO n DO e l'operatore di minimo a WHILE ... DO.

L'eventualità che una funzione definita con l'operatore di minimo non sia definita si presenta anche in calcoli elementari[19].

Ad esempio, consideriamo numeri razionali positivi minori di 1, e la loro rappresentazione con

$$\frac{m}{n} = a_1 10^{-1} + \ldots a_k 10^{-k} + \ldots \quad \text{per } m < n.$$

La determinazione delle cifre a_i dello sviluppo decimale si fa calcolando la divisione di m per n.

Supponiamo si chieda di determinare la lunghezza della rappresentazione, se è finita.

Ricordando che abbiamo indicato con $q_m(n)$ e $r_m(n)$ il quoziente e il resto della divisione di m per n, abbiamo

$$\begin{cases} a_1 & = q_{10m}(n) \\ a_{i+1} & = q_{10r_i}(n) \end{cases}$$

dove

$$\begin{cases} r_1 & = r_{10m}(n) \\ r_{i+1} & = r_{10r_i}(n). \end{cases}$$

La lunghezza della rappresentazione è il primo numero i per cui $r_{i+1} = 0$

$$\mu i(r_{i+1} = 0).$$

Se si applica il procedimento a $\frac{1}{3}$, esso non termina. La lunghezza della espansione decimale di una frazione è un esempio di una funzione ricorsiva parziale, con valori in $\mathbb{N}$[20].

Ci si può chiedere cosa abbiano a che fare questi calcoli numerici con la teoria degli insiemi, ma vedremo che li ritroveremo presto in questioni che

---

[18] Macchine di Turing, macchine a registri ecc., tutti i modelli astratti dei calcolatori. Si veda anche 4.4.1.

[19] Un semplice caso nel quale l'operatore μ non dà un valore è

$$\mu n(2 < n \wedge \exists x \exists y \exists z(x^n + y^n = z^n)),$$

ma qui la condizione non è ricorsiva.

[20] A meno di non prendere anche il valore ∞; ma la funzione resta calcolabile? Il problema non dipende dal fatto che ∞ non sia un numero – si potrebbe porre un a come valore convenzionale – ma dall'essere o no riconoscibile, a priori o dopo un tempo finito, quando non esiste un i per cui $r_{i+1} = 0$; vi torneremo in seguito.

riguardano l'infinito. In verità, la lezione che si vorrebbe trasmettere e che dovrebbe risultare trasparente è che non è possibile separare la trattazione del finito da quella dell'infinito.

4.3 Numerabile

Oltre a $\mathbb{N}$, altri insiemi numerabili meritano che ci si soffermi su di essi, in particolare $\mathbb{N} \times \mathbb{N}$.

Un utile esercizio è quello di trovare quale è il posto della coppia $\langle m, n \rangle$ nella enumerazione di $\mathbb{N} \times \mathbb{N}$ vista in 3.7, ovvero trovare una espressione aritmetica esplicita della funzione $f(m, n)$, o $f(\langle m, n \rangle)$, che stabilisce la corrispondenza voluta con $\mathbb{N}$ (e dice quale è il *posto* di $\langle m, n \rangle$ nella enumerazione di $\mathbb{N} \times \mathbb{N}$).

La differenza tra "numerabile" ed "enumerato" è la seguente, anche se non si tratta di una distinzione canonica: quando un insieme X è numerabile con una biiezione $f \colon \mathbb{N} \longrightarrow X$, f è una enumerazione di X e X è enumerato da f. La biiezione induce un ordine su X, e si può parlare del primo, del secondo, ... elemento di X nella enumerazione f, cioè $f(0), f(1), \ldots$. L'insieme X si può rappresentare come una successione $\{x_0, x_1, \ldots\}$, con $x_i = f(i)$.

Ricordiamo che una successione a valori in A non è un insieme, ma una funzione $a \colon \mathbb{N} \longrightarrow A$, rappresentata convenzionalmente con $\{a_n\}_{n \in \mathbb{N}}$ o con $\{a_0, a_1, \ldots, a_n, \ldots\}$. L'insieme dei termini della successione è l'immagine di a. Alcuni elementi possono essere ripetuti, quando la funzione a non è iniettiva. In alternativa, una successione è un insieme ordinato, o meglio un multinsieme, se vi sono ripetizioni. Le enumerazioni di un insieme numerabile invece sono biiettive.

Prima di leggere avanti, provare a risolvere da soli l'esercizio per $\mathbb{N} \times \mathbb{N}$.

Spieghiamo ora come ci siete arrivati. Si notano alcune regolarità: le diagonali sono percorse alternativamente in salita e in discesa, per così dire: in salita se la somma $m + n$ per le $\langle m, n \rangle$ che stanno su di esse (e che è uguale per tutte le coppie di quella diagonale) è dispari, altrimenti sono percorse in discesa.

Data $\langle m, n \rangle$, prima della diagonale su cui essa si trova ci sono $m + n$ diagonali (consideriamo come una diagonale anche il vertice $\langle 0, 0 \rangle$).

Su una diagonale dove c'è $\langle i, j \rangle$ ci sono $i + j + 1$ elementi.

Se si mettono insieme queste osservazioni, si vede perciò che prima di arrivare a $\langle m, n \rangle$ si devono contare

$$1 + 2 + \ldots + (m + n) = \frac{1}{2}(m + n)(m + n + 1)$$

elementi sulle diagonali precedenti e quindi, sulla diagonale di $\langle m, n \rangle$, m elementi in discesa se $m + n$ è pari, oppure n elementi in salita se $m + n$ è dispari.

In conclusione la funzione f che stabilisce una corrispondenza biunivoca tra $\mathbb{N} \times \mathbb{N}$ e $\mathbb{N}$ è

$$f(m,n) = \frac{1}{2}(m+n)(m+n+1) + \begin{cases} m & \text{se } m+n \text{ pari} \\ n & \text{se } m+n \text{ dispari} \end{cases}$$

Si può verificare con i calcoli che tale f è una biiezione.

Ma non è l'unica, e non è neanche bella con la distinzione di casi. In generale se esiste una biiezione tra un insieme e $\mathbb{N}$ ce ne sono infinite. Basta comporre tale biiezione con una delle infinite permutazioni[21] di $\mathbb{N}$. Una permutazione di $\mathbb{N}$ ad esempio è la funzione

$$h(n) = \begin{cases} n+1 \text{ se } n \text{ pari} \\ n \overset{\cdot}{-} 1 \text{ se } n \text{ dispari} \end{cases}$$

Se ne possono trovare altre per esercizio, e possono essere di due tipi: quelle che *muovono* infiniti, o tutti gli elementi, e quelle che ne muovono solo un numero finito.

Nel dimostrare aritmeticamente le proprietà di f, se lo si è fatto, si sarà notato che la sua espressione con distinzione di casi non è comoda. Si consideri allora la seguente diversa enumerazione:

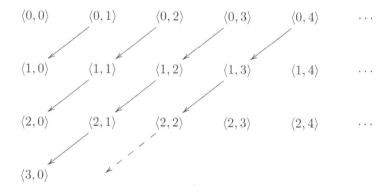

Questa, nella quale tutte le diagonali sono percorse in discesa, con un ragionamento analogo al precedente ha l'espressione

$$f_1(m,n) = \frac{1}{2}(m+n)(m+n+1) + m$$

e per f_1 è più facile dimostrare aritmeticamente che è una biiezione.

---

[21] Una permutazione di un insieme è una biiezione dell'insieme in sé.

Un'altra variante è quella di percorrere la matrice per quadrati

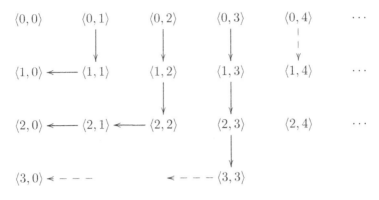

e trovare la corrispondente enumerazione, o ancora in altri modi, c'è da sbizzarrirsi.

In tutti questi casi, si manifesta la versione effettiva della proprietà (viii) del Teorema 11, in 3.7, che l'unione di una famiglia numerabile di insiemi finiti non vuoti è numerabile.

Siccome $\mathbb{N}$ si può scomporre in due insiemi disgiunti numerabili[22] (i pari e i dispari, per esempio), lo stesso è vero per ogni insieme numerabile: se $f\colon X \longrightarrow \mathbb{N}$ è una biiezione,

$$X = \{x \in X\colon f(x) \text{ pari}\} \cup \{x \in X\colon f(x) \text{ dispari}\}$$

e i due insiemi sono disgiunti.

Ma di più, $\mathbb{N}$ si può ripartire in una infinità numerabile di insiemi numerabili, in corrispondenza al fatto che $\mathbb{N} \times \mathbb{N}$ è numerabile. Se $f\colon \mathbb{N} \times \mathbb{N} \longrightarrow \mathbb{N}$ è una biiezione, si consideri per ogni m l'immagine di f ristretta alla riga m-esima, o $\{f(m, n) \mid n \in \mathbb{N}\}$. Questi insiemi, al variare di m, sono infiniti, disgiunti e la loro unione è $\mathbb{N}$. Ciascuno di essi è l'immagine della funzione di $n\colon \frac{1}{2}(n^2 + n + (m^2 + m)) + m$.

Un altro modo per ripartire $\mathbb{N}$ in una infinità numerabile di insiemi numerabili è quello di considerare, per ogni primo p, l'insieme delle potenze del solo p, $\{p^n\colon n \in \mathbb{N} \setminus \{0\}\}$, e mettere in un residuo X tutti gli altri numeri (0, 1 e quelli che hanno almeno due primi diversi nella loro scomposizione). Oppure ci sono altre possibilità da indagare[23].

---

[22] Ogni insieme di cardinalità h infinita si può scomporre in due insiemi disgiunti di cardinalità h, lo si è visto in 3.9, ma nel caso numerabile si può descrivere esplicitamente la partizione.

[23] L'argomento è sviluppato nel racconto di S. Lem, "L'hotel straordinario", cit.

4.4 Ricorsivamente enumerabile

Nel caso di $\mathbb{N} \times \mathbb{N}$ abbiamo visto una enumerazione esplicita, alla quale siamo arrivati in due tappe: prima ci siamo convinti (con la matrice) che una tale enumerazione esisteva e che era effettivamente calcolabile (percorrendola per diagonali), poi abbiamo trovato una espressione aritmetica.

Se si vogliono enumerare gli interi, la biiezione considerata tra $\mathbb{N} \times \mathbb{N}$ e $\mathbb{N}$ non va bene perché gli interi sono classi di equivalenza di coppie di naturali, non coppie. Tuttavia una enumerazione degli interi si può descrivere a parole nel seguente modo, appoggiandosi a quella dell'insieme di tutte le coppie ordinate: si considera una enumerazione di $\mathbb{N} \times \mathbb{N}$, ad esempio la f_1 di sopra, quindi la si sfronda. Passando in rassegna le coppie, si eliminano cioè, o si saltano, le coppie che sono equivalenti a una coppia precedentemente accettata.

Poiché l'equivalenza è facilmente riconoscibile e ogni volta una coppia và confrontata con un numero finito di coppie precedenti, il procedimento sembra, ed è, fattibile. Non altrettanto ovvio è come scrivere una definizione aritmetica, analoga alla f_1, di questa enumerazione.

Naturalmente, se ci si dimentica o non si assume che gli interi siano classi di coppie, e li si pensa definiti in un qualsiasi altro modo come $\{n \colon n \in \mathbb{N}\} \cup \{-n \colon n \in \mathbb{N}\}$, una facile biiezione tra $\mathbb{N}$ e $\mathbb{Z}$ si può definire ponendo

$$f(m) = \begin{cases} 0 & \text{se } m = 0 \\ n+1 & \text{se } m = 2n+1 \\ -n & \text{se } m = 2n, \, n > 0 \end{cases}$$

Questo significa di fatto scegliere un rappresentante per ogni classe di equivalenza, in particolare $\langle n, 0 \rangle$ (che diventa n) e $\langle 0, n \rangle$ (che diventa $-n$): $f(0)$ dà 0, $f(1)$ dà 1, $f(2) = -1$, $f(3) = 2$, $f(4) = -2$, ...

Allora si enumera di fatto l'insieme delle coppie $\langle m, n \rangle$ in cui almeno una delle due componenti è zero. Praticamente è come se eseguisse uno sfrondamento preliminare della matrice lasciando solo la prima riga e la prima colonna, e quindi si seguissero le frecce:

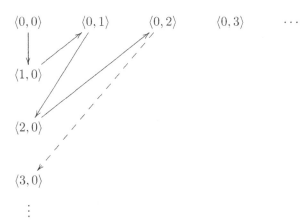

La biiezione

$$f(m) = \begin{cases} 0 & \text{se } m = 0 \\ -n - 1 & \text{se } m = 2n + 1 \\ n & \text{se } m = 2n \end{cases}$$

corrisponde invece al percorso

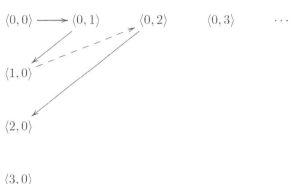

con $f(0) = 0, f(1) = -1, f(2) = 1, \ldots$.

A maggior ragione, se lo sfrondamento è eseguito a posteriori sulla base di una precedente enumerazione di tutte le coppie, il suo risultato può dipendere dal modo come si percorre la matrice infinita.

Nel caso dei razionali, i rappresentanti canonici sono meno importanti. Potrebbero certo essere le frazioni ridotte ai minimi termini. Ma nella pratica, mentre gli interi corrispondono proprio ai rappresentanti canonici e non se ne usano altri[24], le frazioni si usano tutte.

L'insieme delle frazioni positive è facilmente enumerabile perché basta eliminare dalla matrice le coppie $\langle m, 0 \rangle$, cioè la prima colonna. Naturalmente la f_1 si modifica di conseguenza (esercizio).

Le coppie $\langle m, n \rangle$ con m ed n primi tra loro, cioè i razionali positivi, formano ovviamente un insieme numerabile, in quanto un sottoinsieme infinito di un insieme numerabile è numerabile, ma la corrispondenza esplicita non è facile da definire.

Se ci si restringe alle frazioni con $m < n$ la funzione

$$g(m, n) = \frac{(n - 1)(n - 2)}{2} + m - 1$$

---

[24] Gli altri possono comparire in termini come $m - n$, che corrispondono a $\langle m, n \rangle$, ma questi termini denotano di solito un'operazione su m e n, non il risultato.

enumera l'insieme

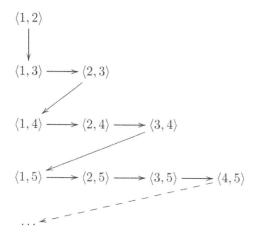

esemplificando di nuovo in modo effettivo la proprietà che l'unione numerabile di insiemi finiti non vuoti (le righe) è numerabile.

La stessa funzione ristretta alle frazioni ridotte ai minimi termini stabilisce solo una immersione propria in $\mathbb{N}$ dell'insieme dei razionali compresi tra 0 e 1, in quanto ad esempio assegna il valore 3 a $\frac{1}{4}$ e 5 a $\frac{3}{4}$, ma a nessuna coppia il valore 4.

L'enumerazione dei razionali compresi tra 0 e 1 analoga a quella delle frazioni dovrebbe seguire il percorso

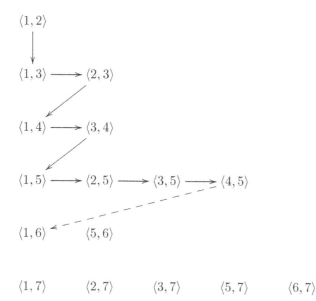

ma la dimensione degli insiemi finiti che costituiscono le righe sfrondate non sembra uniformemente descrivibile da una funzione semplice.

La dimostrazione della proprietà (viii) del Teorema 11, in 3.7, usa l'assioma di scelta e non fornisce in generale una espressione aritmetica della enumerazione.

Nel caso in esame, sia $\phi(n)$ la funzione di Eulero che dà il numero di numeri $< n$ che sono primi con n. Allora l'enumerazione di sopra è descrivibile dalla funzione h

$$h(m,n) = \left(\sum_{i=2}^{n-1} \phi(i) \right) + k(m,n)$$

dove k enumera l'insieme finito dei numeri primi con n, ad esempio

$$\begin{cases} k(1,n) & = 1 \\ k(i+1,n) & = \begin{cases} k(i,n) & \text{se } i+1 \text{ divide } n \\ k(i,n)+1 & \text{se } i+1 \text{ primo con } n \end{cases} \end{cases}$$

per $i \leq n - 2$.

La stessa difficoltà nella scrittura di una enumerazione esplicita si presenta per i numeri algebrici, forse ancora più complicata. Prima, se si vuole fare ricorso alla proprietà dell'unione di insiemi finiti, si devono enumerare le equazioni di altezza h; questo richiede che, per ogni h, per ogni $n < h$ si considerino (e si ordinino) tutti i modi di scomporre h nella somma di $n-1$ e di numeri $\leq h - n + 1$ (i moduli dei coefficienti delle equazioni di altezza h), e quindi tutti i modi di distribuire i segni $-$ e $+$ a questi numeri. Complicato ma fattibile (?), in linea di principio, con un po' di sensibilità combinatoria: si tratta sempre di insiemi o successioni finite, e per l'ordine si può pensare a quello lessicografico. Ottenuta questa enumerazione, per ogni equazione di deve considerare l'insieme, finito, possibilmente vuoto, delle sue soluzioni, ed enumerare l'unione di questi insiemi finiti.

4.4.1 Procedimenti effettivi

Dalla precedente discussione delle enumerazioni si dovrebbe riconoscere un fenomeno che si presenta in molti altri casi, vale a dire la presenza di tre livelli di discorso non sempre chiaramente distinti:

1. l'affermazione assolutamente non operativa che un insieme è numerabile come conseguenza di teoremi generali sugli insiemi numerabili,

   ad esempio: "un sottoinsieme infinito di un insieme numerabile è numerabile";

2. la descrizione a parole di una enumerazione che appare effettivamente calcolabile,

   ad esempio: "dalla enumerazione delle coppie $\langle m, n \rangle$ sfrondare le coppie con $n = 0$ o in cui m ed n non sono primi tra loro", oppure: "per ogni n, elencare le coppie $\langle i, n \rangle$ con $i < n$ e tali che i ed n sono primi tra loro";

3. la (ricerca della) definizione esplicita aritmetica della enumerazione.

Il secondo livello, il concetto di una enumerazione, o invero di una funzione qualunque, descritta a parole e che sia effettivamente calcolabile è qualcosa che di solito non viene considerato matematica – al contrario – né si dedica tempo a coltivarne la padronanza, ed è un grave errore. In generale, nella scuola si insiste sul formale, e si rifiuta l'informale, che invece è esaltato nella matematica in azione, dove è alla logica (sic) che si rimprovera la pignoleria formale.

I vantaggi di una descrizione a parole di un procedimento calcolabile sono molteplici. Essa innanzi tutto si esercita su simboli che possono non essere numeri (anche solo magari coppie di numeri), e questa di per sé è una lezione che si deve imparare sulla natura della matematica.

Una descrizione a parole, o per mezzo di disegni, permette una maggiore libertà di mosse e costruzioni, rispetto alle formule, e quindi la manifestazione di maggiore fantasia e disinvoltura. Mostra poi, quando è conclusa con successo e soddisfazione, come si possa passare dalla manipolazione di simboli alla versione numerica con le quattro operazioni, e rafforza la fiducia nella capacità rappresentativa del formalismo matematico. Aiuta inoltre a controllare le parole che si usano facendole corrispondere a precise operazioni concrete e a ricercare nel discorso lo stesso rigore che è caratteristico della matematica.

Perché in definitiva, e soprattutto, quello di "processo effettivo" è un concetto matematico a pieno titolo, e importante, che si esplica nel quadro della teoria matematica della calcolabilità. Il concetto di funzione effettivamente calcolabile è un concetto matematico. Le funzioni effettivamente calcolabili coincidono con le funzioni ricorsive[25].

Se il concetto di funzione calcolabile[26] viene dato per le funzioni numeriche, si identifica con quello di funzione ricorsiva. Ma esso preferibilmente viene precisato per alfabeti qualunque, che includono quello aritmetico, e per mezzo di un particolare modello di calcolo.
In questi linguaggi, anche quando si tratta una funzione numerica talvolta non c'è bisogno di arrivare a espressioni aritmetiche, basta

---

[25] Per una introduzione alla teoria matematica della calcolabilità si può vedere C. Toffalori et al., *Teoria della calcolabilità e della complessità*, McGraw-Hill, Milano, 2005.

[26] L'aggettivo "effettivamente" si usa tralasciarlo una volta che ci sia intesi sul concetto; viene usato inizialmente quando con "effettivamente calcolabile" si intende una definizione rigorosa – una delle tante equivalenti – distinta dalla nozione semplicemente intuitiva e pre-matematica di "calcolabile", che quelle definizioni vogliono matematizzare e ridurre a una dimensione umana. Ma una volta data la definizione, "effettivamente" viene ad avere solo un senso retorico.

una definizione che soddisfi i requisiti della calcolabilità sul tipo di simboli che si manipolano.

Le definizioni più comode e usuali di calcolabilità fanno riferimento a macchine, ad esempio alle macchine di Turing, o alle macchine a registri. Ordinare ad esempio un insieme finito, appenderlo a un altro già ordinato e simili, sono operazioni che si descrivono dicendo quello che si (che la macchina) fa sugli elementi e sulla loro disposizione. Ragionare in termini di calcolabilità significa in pratica descrivere il procedimento effettivo che viene svolto, e le operazioni sugli oggetti. Per tornare a un esempio precedente, le coppie di numeri non sono numeri, e per una trattazione numerica occorre usare una funzione di due variabili; ma una enumerazione effettiva delle coppie si può fermare alle coppie, descrivendo il percorso della matrice secondo le frecce. Una volta realizzata, un teorema generale assicura che esiste anche una funzione ricorsiva numerica il cui calcolo è il procedimento descritto. In pratica, si descrive il calcolo più che la formula.

Dalla descrizione del calcolo si deve poi passare al programma del calcolo, ovvero alla macchina che lo esegue.

Se si vuole proprio descrivere la macchina che fa quelle operazioni, allora siccome le macchine sono definite da insiemi di istruzioni si devono scrivere le istruzioni; ma presto con l'esperienza si arriva a riconoscere che si possono comporre in una macchina vari tipi di macchine, ciascuna in grado di eseguire un compito determinato, o una iterazione, o una ricerca. Allora la descrizione della macchina resta a un livello informale, e l'ideale della educazione matematica è che lo stesso succeda con il formalismo matematico.

Anche nella programmazione si riconoscono tre livelli, quello dell'*algoritmo*, che si esprime in un linguaggio elevato, e che non è altro che la specifica di quello che deve essere o fare la funzione, in una forma che lascia intravvedere il suo carattere computabile; quello del *metodo di calcolo*, che si esprime in riferimento a un modello di calcolo (un tipo di machina ad esempio) e descrive la combinazione di vari stadi di calcolo per mezzo di macchine più semplici; infine quello del *programma*, che si esprime in istruzioni dettagliate per la costruzione di una macchina, oppure in un particolare linguaggio di programmazione, oppure in una formula aritmetica. Tutti e tre i momenti sono essenziali per la comprensione e la risoluzione di un problema, ma quello più importante, per vedere se si è capito come si risolve il problema, è il secondo.

Nel terzo livello è frequente che non si arrivi a una formula aritmetica esplicita, ma ci si debba accontentare di una definizione ricorsiva. Il linguaggio per gli algoritmi d'altronde è quello della programmazione, non quello delle quattro operazioni.

Ad esempio tornando alla enumerazione dei razionali positivi, esiste fin da metà Ottocento un albero binario completo di tutti e soli i numeri razionali, ciascuno una sola volta, l'albero di Stern-Brocot:

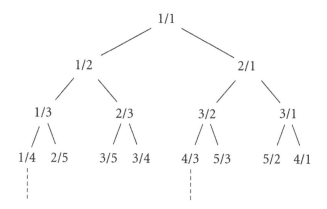

Le sue righe sono ottenute appendendo a ogni $\frac{m}{n}$ della riga precedente due frazioni, entrambe ottenute come *medianti* (la mediante di due frazioni $\frac{p_1}{q_1}$ e $\frac{p_2}{q_2}$ è la frazione $\frac{p_1+p_2}{q_1+q_2}$): la prima è la mediante di $\frac{m}{n}$ e di quella immediatamente superiore ad essa, e la seconda è la mediante tra $\frac{m}{n}$ e $\frac{0}{1}$. Questo per la parte sinistra, mentre a destra è tutto uguale salvo che si usa $\frac{1}{0}$ invece che $\frac{0}{1}$. $\frac{1}{0}$ è considerata come frazione solo per uniformità del procedimento di generazione).

Per uniformare la generazione di ciascuna coppia di figli senza fare riferimento a elementi esterni, si immagina che sopra alla radice $\frac{1}{1}$ ci siano le due frazioni $\frac{1}{0}$ e $\frac{0}{1}$, come in

L'albero di Stern-Brocot[27] oltre a contenere nei suoi nodi tutte e sole le frazioni un'unica volta ha interessanti proprietà, quali il fatto che in ogni riga i numeratori sono uguali ai denominatori in ordine inverso, o che la somma delle semplicità[28] è 1.

Dato un albero, esistono diversi modi e tecniche per enumerarlo e per visitarlo. Si possono ovviamente dare algoritmi, se non formule semplici, per calcolare per ogni $\frac{m}{n}$ il posto della frazione nell'albero.

---

[27] Definito indipendentemente da Moritz Stern (1807–1894) nel 1858 e dall'orologiaio Achille Brocot (1817–1878) nel 1860.

[28] La semplicità di $\frac{m}{n}$ è $\frac{1}{mn}$.

L'argomento ha ritrovato attenzione negli ultimi anni, all'interno della ripresa di interesse per la matematica discreta. Il seguente[29] ad esempio è un

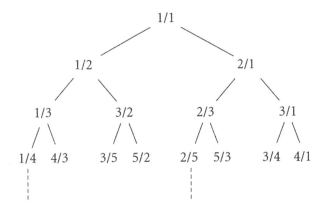

albero diverso da quello di Stern-Brocot nel quale di nuovo sono presenti tutti e soli i razionali positivi, come frazioni ridotte ai minimi termini, una sola volta.

Ogni nodo $\frac{m}{n}$ ha due figli $\frac{m}{m+n}$ e $\frac{m+n}{n}$. Se si percorre l'albero iniziando dalla radice e leggendo riga per riga da sinistra a destra, la successione dei numeratori

$$\{b(n)\}_{n\geq 0} = \{1,1,2,1,3,2,3,1,4,3,5,2,5,3,4\ldots\},$$

b è una funzione che soddisfa la ricorsione

$$b(2n+2) = b(n) + b(n+1)$$

e $\frac{b(n)}{b(n+1)}$ enumera l'albero.

La funzione b ha una interpretazione combinatoria relativa al numero di modi di scrivere un numero come somma di potenze di 2.

Un altro modo di presentare simili enumerazioni dei razionali che stabiliscono un collegamento con altri interessanti concetti, ad esempio le frazioni continue, è la seguente[30].

Se n è scritto in notazione binaria come

$$\underbrace{11\ldots1}_{a_{2k}}\underbrace{00\ldots0}_{a_{2k-1}}\underbrace{11\ldots1}_{a_{2k-2}}\ldots\underbrace{11\ldots1}_{a_0}$$

si definisca x_n come la frazione continua $a_0 + 1/(a_1 + 1/(a_2 + 1/(\ldots + 1/a_{2k}))\ldots) = [a_0; a_1, \ldots, a_n]$, dove a_0 è posto uguale a 0 se n è pari.

[29] N. Calkin, H. S. Wilf, "Recounting the Rationals", *Amer. Math. Monthly*, vol. 107, n. 4, aprile 2000, pp. 360–3.

[30] "Recounting the Rationals, Continued" *Amer. Math. Monthly*, vol. 110, n. 7, agosto-settembre 2003, pp. 642–3.

Siccome ogni numero razionale può essere scritto in modo unico come frazione continua con un numero dispari di coefficienti, questa applicazione è una biiezione. Se per esempio $n = 11001000$, allora $x_n = [0; 3, 1, 2, 2]$[31].

4.4.2 Insiemi ricorsivamente enumerabili

La considerazione della problematica della calcolabilità arricchisce anche i contenuti matematici tradizionali. L'uso del concetto restrittivo delle funzioni calcolabili permette di introdurre distinzioni che non sarebbero possibili con quello generale di funzione.

Ad esempio lo studio dei sottoinsiemi di $\mathbb{N}$ nell'ambito della teoria della calcolabilità ha portato a un raffinamento dell'idea di enumerazione in quella di una enumerazione effettiva di un insieme.

Definizione Un insieme $X \subseteq \mathbb{N}$ si dice *ricorsivamente enumerabile* (abbreviato *r.e.*) se esso è l'immagine di una funzione $f \colon \mathbb{N} \longrightarrow \mathbb{N}$ ricorsiva, oppure se è vuoto[32].

Un insieme *r.e.* si può pensare come generato da una macchina, che emette uno dopo l'altro i suoi elementi, e infatti si chiama anche ricorsivamente generabile. Un elemento può essere ripetuto[33], e questo anzi deve succedere se si vogliono includere nella definizione gli insiemi finiti.

Tutti gli insiemi che sono l'insieme dei termini di una successione definita per ricorsione, ad esempio i numeri di Fibonacci, sono insiemi ricorsivamente generabili.

Per gli insiemi ricorsivamente generabili, più della loro estensione interessa il procedimento, o il rapporto tra il procedimento di generazione e le proprietà dell'insieme.

Si impone subito la distinzione e il confronto tra un procedimento di generazione e uno di decisione. Un procedimento di generazione per un insieme X è una funzione ricorsiva la cui immagine è X. Un procedimento di decisione per un insieme X è un metodo effettivo che risponde sì o no ad ogni domanda sull'appartenenza di un n a X. L'esistenza di un procedimento di decisione per X equivale all'affermazione che la funzione caratteristica dell'insieme X è ricorsiva, ovvero che l'insieme è ricorsivo. Decidibile e ricorsivo sono dunque sinonimi.

---

[31] Su questi argomenti il riferimento obbligato è R. Graham, D. Knuth, O. Patashnik, *Concrete Mathematics*, Addison-Wesley, Reading MA, 1994.

[32] Si noti che gli insiemi finiti sono *r.e.*; per includere anche l'insieme vuoto in questa definizione, occorre menzionarlo esplicitamente; ma non dà fastidio, e nel seguito ce ne possiamo dimenticare: l'idea intuitiva da cogliere è quella dell'immagine di una funzione ricorsiva. Qui "ricorsiva" si riferisce alla definizione ricordata in 4.2.2 delle funzioni ricorsive parziali, non significa ricorsiva primitiva.

[33] Per questo sarebbe preferibile la dizione "ricorsivamente generabile" per evitare confusione con la condizione di univocità che abbiamo associato alla parola "enumerazione", ma l'uso prevalente è questo.

Si può, e come si fa, a decidere se un numero è primo? Come si possono enumerare i numeri primi? Che rapporto c'è tra i due problemi?

L'insieme dei numeri primi è *r.e.*, in quanto esso è generato ad esempio dalla funzione ricorsiva primitiva[34]

$$\begin{cases} p_0 & = 2 \\ p_{n+1} = \mu y \le (p_n! + 1)(p_n < y \wedge pr(y)) \end{cases}$$

dove $pr(y)$ è la definizione di numero primo, e la limitazione che permette di usare l'operatore di minimo ristretto discende dalla dimostrazione di Euclide della infinità dei numeri primi.

La funzione p_n non solo genera l'insieme dei numeri primi, lo enumera anche, perché è iniettiva, e quindi stabilisce una biiezione. Di più, stabilisce anche che l'insieme è decidibile, perché è strettamente crescente, e vale il seguente teorema:

Teorema 14 *Se un insieme è r.e. con una funzione strettamente crescente, allora è decidibile.* □

Anche l'insieme dei numeri di Fibonacci è ricorsivo, per lo stesso criterio. La risposta più spontanea, alla domanda se un numero n sia un numero di Fibonacci, è quella di generarli tutti dal principio e vedere se si arriva a n. Questo è in effetti lo spirito del teorema. Ma qualche volta esistono scorciatoie più efficienti. Al contrario, se un insieme non è generato in maniera crescente, non si può mai sapere se tra i numeri minori di un n si sono trovati tutti i numeri dell'insieme.

Ma abbiamo barato nella precedente discussione dei primi, e speriamo che il lettore se ne sia accorto. Per affermare che p_n è una funzione ricorsiva primitiva occorre che si riconosca che il predicato $pr(x)$ che interviene nella definizione è ricorsivo primitivo. Lo è, perché la sua funzione caratteristica δ_{pr} è definita da

$$\delta_{pr}(x) = \begin{cases} 1 & \text{se } \neg \exists y \le x(1 \ne y \ne x \wedge y \mid x) \\ 0 & \text{altrimenti.} \end{cases}$$

Ma allora l'insieme dei numeri primi è decidibile. Quella scritta non è altro che la definizione di numero primo, e il procedimento di decisione chiede di applicare quella definizione, che si rivela calcolabile.

Ora se un insieme è decidibile allora è anche a maggior ragione *r.e.*, come ora spiegheremo, quindi l'enumerazione $\{p_n\}_{n \in \mathbb{N}}$ è interessante e utile di per sé, ma non per stabilire che l'insieme dei primi è *r.e.*

Il problema di ogni esempio troppo facile è che confonde le idee, lungi dal chiarirle, in quanto sovrappone diverse nozioni invece di separarle.

---

[34] Secondo le convenzioni usuali, scriviamo p_n invece di $p(n)$.

Il decidibile, o ricorsivo, generalizza il finito, mentre *r.e.* generalizza il contabile[35]. Ma non è facile trovare esempi di insiemi *r.e.* non ricorsivi. La loro esistenza è una delle scoperte più importanti del ventesimo secolo. D'altra parte le varie esposizioni divulgative del teorema di Gödel e dei problemi di indecidibilità rendono probabile che l'argomento sia orecchiato.

La logica proposizionale (insieme delle tautologie) è decidibile, la logica dei predicati (insieme delle formule logicamente valide) non lo è, è solo *r.e.* o semidecidibile come spiegheremo sotto. Questo è forse l'esempio più facile da enunciare, nell'esperienza comune, rispetto ad altri problemi matematici; altri si trovano nella pratica della programmazione e derivano quasi tutti dalla indecidibilità del problema dell'arresto.

La dimostrazione non richiede conoscenze tecniche e sfrutta l'autoriferimento nella forma presente in molti paradossi.

Scriviamo $M(n) \Downarrow$ per dire che la macchina M messa in funzione sull'input n si ferma dopo un numero finito di passi, e $M(n) \Uparrow$ per dire che non si ferma mai.

Teorema 15 Non esiste una macchina di Turing H tale che per ogni MT M ed ogni n

$$H(M, n) = \begin{cases} 1 & \text{se } M(n) \Downarrow \\ 0 & \text{se } M(n) \Uparrow. \end{cases}$$

Dimostrazione L'assunzione da cui bisogna partire è che esiste una enumerazione effettiva di tutte le macchine di Turing,

$$M_0, M_1, \ldots, M_n, \ldots$$

vale a dire che esiste una macchina di Turing la quale, per ogni n, stampa le istruzioni di M_n. Una tale enumerazione esiste perché gli insiemi finiti di istruzioni possono essere enumerati per numero crescente di istruzioni e stati coinvolti e in un ordine alfabetico.

Supponendo dunque per assurdo che il problema dell'arresto fosse decidibile, esisterebbe una macchina H, composta servendosi di quella che da n calcola una rappresentazione di M_n, tale che per ogni i ed n

$$H(i, n) = \begin{cases} 1 & \text{se } M_i(n) \Downarrow \\ 0 & \text{se } M_i(n) \Uparrow, \end{cases}$$

e ne esisterebbe allora una H' tale che per ogni i

$$H'(i) = \begin{cases} 1 & \text{se } M_i(i) \Downarrow \\ 0 & \text{se } M_i(i) \Uparrow. \end{cases}$$

---

[35] Ma ci sono divergenze nello studio effettivo degli insiemi di numeri rispetto alla trattazione classica: esistono ad esempio sottoinsiemi infiniti di $\mathbb{N}$ che non contengono alcun insieme *r.e.* infinito.

Per costruire H' da H basta predisporre una macchina che dato i lo duplica, e poi inizia a lavorare come H sulla coppia $\langle i, i \rangle$.

Data H', esiste allora H'' tale che per ogni i

$$H''(i) = \begin{cases} 0 & \text{se } M_i(i) \Uparrow \\ \Uparrow & \text{se } M_i(i) \Downarrow. \end{cases}$$

Per avere H'' basta aggiungere ad H' istruzioni che quando questa si ferma fanno un test sul risultato, e se questo è 0 non fanno nulla, se invece è 1 mettono in funzione un ciclo. H'' è una MT, quindi occorre nella enumerazione, ad esempio è M_h. Ma ora è facile verificare che:

$$M_h(h) \Downarrow \text{ se e solo se } M_h(h) \Uparrow$$

un assurdo, che si può evitare solo negando l'ipotesi che esista la macchina di Turing H. $\square$

In una prima fase, ci si può convincere di quanto sia difficile trovare un insieme r.e. non ricorsivo verificando come ogni insieme che riusciamo a generare effettivamente si possa generare con una funzione strettamente crescente.

D'altra parte,

Teorema 16 Se un insieme e il suo complemento sono entrambi r.e. allora l'insieme è decidibile.

La dimostrazione è molto semplice: se X è generato da f e $\mathbb{N} \setminus X$ è generato da g, basta calcolare successivamente $f(0)$ e $g(0)$, $f(1)$ e $g(1)$, ..., finché non si trova che $n = f(i)$ oppure $n = g(i)$, e uno dei due casi si verifica sempre per ogni n, perché $\text{im}(f) \cup \text{im}(g) = \mathbb{N}$. $\square$

Si possono descrivere per esercizio diverse enumerazioni dell'insieme dei numeri composti, in modo da combinare il carattere r.e. di questo insieme con quello r.e. dell'insieme dei primi.

Per vedere che un insieme ricorsivo è anche r.e. (e per altre applicazioni) è utile conoscere una diversa caratterizzazione degli insiemi r.e., data dal seguente

Teorema 17 Un insieme $X \subseteq \mathbb{N}$ è r.e. se e solo se è il dominio di una funzione ricorsiva parziale.

Se X è l'immagine di $f \colon \mathbb{N} \longrightarrow \mathbb{N}$, si definisca una funzione g in questo modo: per ogni n, si calcoli $f(0), f(1), \ldots$ e così via; se si trova un i tale che $f(i) = n$, si ponga $g(n) = 1$. In questo modo, se $n \in \text{im}(f)$ allora $n \in \text{dom}(g)$ e solo in questo caso, per cui $X = \text{dom}(g)$. g è effettivamente calcolabile se f lo è (con un po' di pratica, come spiegato in 4.4.1, lo si accetta facilmente), quindi g è ricorsiva parziale se f è ricorsiva.

Viceversa data una funzione ricorsiva parziale g, si genera il suo dominio X con il metodo detto a coda di rondine, di *dove-tailing*; si organizzano i calcoli di g nel seguente modo: si eseguono un certo numero k di passi del calcolo di $g(0)$, quindi k passi del calcolo di $g(1)$, indi si riprende con ulteriori k passi del calcolo di $g(0)$, k di $g(1)$ e nuovi k passi di $g(2)$, e così via. Ogni volta che si trova che il calcolo di $g(i)$ è terminato, si emette i come elemento di X. $\square$

Dato un insieme ricorsivo X, per far vedere che esso è anche *r.e.* basta modificare la sua funzione caratteristica δ_X in modo che quando dovrebbe valere 0 abbia un valore indefinito, ad esempio ammesso che la divisione per 0 sia indefinita[36]

$$f(x) = \begin{cases} 1 & \text{se } \delta_X(x) = 1 \\ x/0 & \text{altrimenti} \end{cases}$$

e si ha che $\text{dom}(f) = X$.

Una funzione ricorsiva parziale f il cui dominio sia X si chiama metodo di decisione parziale per X. La terminologia allude alla seguente descrizione di un metodo: per sapere se $n \in X$, si inizi il calcolo di $f(n)$; se si trova un valore numerico, allora $n \in \text{dom}(f)$, altrimenti si resta in attesa di una risposta che può non arrivare mai[37].

Per questo motivo gli insiemi *r.e.* sono detti anche semidecidibili.

La problematica della calcolabilità ha il vantaggio di favorire una più stretta compenetrazione di calcoli e dimostrazioni. Lo abbiamo visto nella relazione tra il teorema di Euclide e la definizione di $\{p_n\}$. A un livello più semplice, consideriamo la trattazione accennata in 4.2 della lunghezza della rappresentazione decimale delle frazioni $\frac{m}{n}_{n \in \mathbb{N}}$ con $m < n$; in proposito si può instaurare in modo naturale una discussione ricca di temi.

L'osservazione "ma se faccio due passi della divisione di 1 per 3 mi accorgo subito che il resto è sempre 1" introduce una importante distinzione, al di là del riconoscimento della calcolabilità della funzione: da una parte si può programmare e lasciar svolgere il calcolo ad un agente oggettivo, dall'altra si può eseguire invece personalmente il calcolo portando con sé tutte le conoscenze che si hanno e facendole intervenire nel corso dello stesso. In altri termini, la distinzione tra considerare il calcolo una scatola nera di cui interessa solo il risultato, e l'avere presenti tutti gli stadi successivi del calcolo, e la possibilità di cortocircuitarli.

---

[36] Ovviamente lo è, ma intendiamo dire che x/y deve denotare una operazione che nella costruzione della teoria è stata introdotta come indefinita per $y = 0$. Siccome è decidibile se y divide x, la divisione potrebbe essere estesa con valori convenzionali quando il dividendo non è un multiplo del divisore.

[37] Aiuta l'immaginazione concepire i calcoli come eseguiti da una macchina: le si dà un input e poi si attende la risposta, senza interferire. In generale le dimostrazioni che abbiamo accennato sopra sono chiare e convincenti se concepite in termini di calcolabilità con una macchina piuttosto che sulla base delle definizioni ricorsive delle funzioni.

Anche nel caso che la lunghezza della rappresentazione di m/n non sia finita, il programma impostato per calcolare la successione $\{a_n\}_{n \in \mathbb{N}}$ genera tutte le cifre a_i e i resti r_i (a meno che non sia integrato dal controllo di confronto tra ogni r_i e i precedenti). La dimostrazione della finitezza o meno della espansione si appoggia agli r_i, non alle a_i.

Se si ha solo un processo effettivo che genera una successione di cifre $\{a_n\}_{n \in \mathbb{N}}$, senza sapere di che numero si tratta, accorgersi della comparsa di un ciclo sulla base dei risultati parziali accessibili può essere difficile se la sua ampiezza è grande; inoltre richiede una spiegazione che si tratta veramente di un ciclo, e non di una ripetizione magari lunga ma che potrebbe terminare, quindi richiede una dimostrazione.

La successione

$$3.14159265\ldots$$

pur generata da metodi effettivi (ad esempio approssimazione di una circonferenza con poligoni di numero crescente di lati) per secoli ha resistito a ogni tentativo di decidere se si trattasse di un numero razionale o irrazionale. Solo nel 1761 Johannes H. Lambert (1728–1777) ha dimostrato l'irrazionalità di π, e la dimostrazione richiede di uscire dal ristretto ambito del processo generativo.

Problemi analoghi, meno drammatici ma curiosi, esistono anche ai giorni nostri; non si sa ad esempio se il numero somma della serie

$$1 + \frac{1}{2^5} + \frac{1}{3^5} + \frac{1}{5^5} + \ldots$$

che può essere generato con diversi metodi disponibili per le somme delle serie, è razionale o irrazionale (mentre l'analogo per le terze potenze è stato da poco dimostrato irrazionale).

Sui numeri razionali si possono impostare alcuni problemi elementari che portano da considerazioni di processi effettivi a teoremi matematici o che li mettono in collegamento[38]: la questione pregiudiziale, se la lunghezza della rappresentazione è finita, è decidibile sia in base a una considerazione del processo di divisione sia per esempio in base alla caratterizzazione che m/n con $m < n$ ha un'espansione decimale finita se e solo se $m/n = N/10^k$ per qualche N e k, e k in tal caso è la lunghezza della rappresentazione.

Chiedersi se l'insieme dei razionali periodici è decidibile, o è *r.e.*, sono esercizi di riscaldamento per familiarizzarsi con la nozione di decidibilità. Perché quando incomincia a programmare, i ragazzi lo fanno a testa bassa, senza preoccuparsi – perché nessuno glie lo insegna – di discutere prima la calcolabilità di ciò che viene richiesto, e nel far ciò di impostare una prima versione informale dell'algoritmo.

---

[38] H. Rademacher e O. Toeplitz, *The Enjoyment of Mathematics*, Princeton Univ. Press. Princeton, 1957, cap. 23, ha molti esercizi sulla lunghezza dei cicli e questioni connesse.

I primi esercizi interessanti sulla calcolabilità hanno in definitiva a che vedere con l'infinito: sono insiemi infiniti quelli che si devono enumerare o per i quali si deve decidere l'appartenenza.

4.5 Insiemi finiti

Bisogna avere ben chiaro quali sono le possibili diverse strategie nella introduzione dei concetti di finito e infinito. Se si danno per scontati i numeri naturali, come è inevitabile all'inizio, in quanto i bambini conoscono i numeri, la cosa più naturale è definire un insieme come finito se è in corrispondenza biunivoca con un numero naturale, o meglio un $\mathbb{N}_m$, visto che a quel punto non si saprà ancora che si può assumere $\mathbb{N}_m = m$. Allora

$$\text{"infinito"} =_{\text{Def}} \text{"non finito"} \,,$$

il che significa che per quanto si conti non si esaurisce mai l'insieme.

Nella teoria degli insiemi, il percorso adottato è quello contrario che è stato presentato, che è inevitabile non appena si incominci a sospettare man mano che si va avanti che la conoscenza trasmessa e accettata è un'illusione, e ci si ponga la domanda su "cosa sono i numeri naturali". Si definisce innanzi tutto cosa significa "infinito", e quindi

$$\text{"finito"} =_{\text{Def}} \text{"non infinito"} \,.$$

Una volta introdotti $\mathbb{N}$ e i numeri naturali, si dimostra che ogni $n \in \mathbb{N}$ è finito, come abbiamo visto con il Corollario 2 e inoltre, come ora vedremo, che ogni insieme finito è in corrispondenza biunivoca con un numero naturale.

Teorema 18 Se un insieme non è riflessivo, esso è in corrispondenza biunivoca con un numero naturale.

La dimostrazione può apparire convoluta in quanto fa riferimento a $\mathbb{N}$, ma se si ricorda che "finito" non è un termine primitivo, ma dipende da "infinito" le perplessità dovrebbero svanire, è quasi inevitabile che $\mathbb{N}$ occorra nella dimostrazione.

Si contrappone l'enunciato del teorema e si va a dimostrare che se un insieme X non è in corrispondenza biunivoca con nessun $n \in \mathbb{N}$ alloraè infinito.

Se X non è in corrispondenza biunivoca con nessun $n \in \mathbb{N}$, si definisce una iniezione f di $\mathbb{N}$ in X, da cui segue che X è infinito, come soprainsieme di un insieme numerabile, l'immagine di f. f è definita per ricorsione, mandando 0 in un elemento qualunque di X, che si suppone ovviamente non vuoto, altrimenti è in corrispondenza biunivoca con $\emptyset$. Ammesso di aver definito f fino a $n-1$ in modo iniettivo, l'insieme $\{f(0), \ldots, f(n-1)\}$ non esaurisce X, altrimenti f ristretta a $\mathbb{N}_n$ sarebbe una biiezione tra $\mathbb{N}_n$ e X. Esiste quindi un x_n in $X \setminus \{f(0), \ldots, f(n-1)\}$ e si può porre $f(n) = x_n$. $\square$

Dalla dimostrazione si evince che se un insieme X soddisfa l'ipotesi di non essere in corrispondenza biunivoca con nessun $n \in \mathbb{N}$, allora di fatto ogni $n \in \mathbb{N}$ è immergibile in X con una iniezione, una f come sopra definita su n. D'altra parte era prevedibile: due insiemi qualunque sono confrontabili quanto a cardinalità (per l'assioma di scelta) e quindi o uno è iniettabile nell'altro o viceversa; se X fosse iniettabile in un naturale, sarebbe anche equipotente a un naturale minore o uguale di quello.

Quindi si può anche riassumere che se un insieme ha cardinalità maggiore di ogni cardinale finito, allora ha cardinalità maggiore o uguale a ω.

Si noti che nella dimostrazione si è usato l'assioma di scelta, perché di elementi in $X \setminus \{f(0), \ldots, f(n-1)\}$ ce ne sono infiniti. Non è forse un particolare da far notare in una fase iniziale, ma conferma che la trattazione del finito non può limitarsi a strumenti costruttivi, o più in generale che lo studio di un livello di astrazione non può svolgersi con solo strumenti di quel livello, un fenomeno generale in matematica. Inoltre fa capire come l'assioma di scelta sia intrinseco a ogni ragionamento sull'infinito e come siano quindi poco giustificate le riserve che ancora qualche volta si sentono avanzare contro di esso, come residuo di polemiche storiche[39].

Noi proseguiamo considerando finito come equipotente a un numero naturale, sia che lo sia per definizione sia come una proprietà derivata. Quando si deve dimostrare che un insieme è finito, di solito la cosa migliore è dimostrare che è equipotente a un n, piuttosto che verificare che soddisfa la definizione di non-infinito.

4.5.1 Operazioni aritmetiche

Molte formule e problemi della combinatorica, che ovviamente si deve conoscere e insegnare, si capiscono meglio se si ha una buona padronanza delle proprietà degli insiemi finiti, le quali si chiariscono e si dimostrano in negativo da quelle degli insiemi infiniti. Induzione sulla cardinalità degli insiemi (quindi un appello implicito a proprietà dell'infinito) e principio dei cassetti sono gli strumenti essenziali.

Teorema 19 Valgono le seguenti proprietà:

  (i) se un insieme è finito, ogni suo sottoinsieme è finito;
 (ii) se A e B sono finiti, anche $A \cup B$ è finito;
(iii) se A e B sono finiti, anche $A \times B$ è finito;
 (iv) se $\mathcal{F}$ è finito e ogni elemento di $\mathcal{F}$ è finito, anche $\cup \mathcal{F}$ è finito;

---

[39] Tuttavia nelle indagini metamatematiche si continua a studiare l'assioma e la possibilità di eliminare i suoi interventi; tali ricerche sono volte soprattutto a valutare la forza di varie versioni dell'assioma, a seconda della cardinalità degli insiemi ai quali si applica. Le alternative che sono prese in considerazione, come l'assioma di determinatezza, non dipendono da dubbi relativi all'assioma di scelta ma da un genuino interesse matematico delle stesse.

(v) se A e B sono finiti, anche ^AB è finito;

(vi) se A è finito, anche $\mathscr{P}(A)$ è finito.

Le dimostrazioni sono istruttive, nonostante gli enunciati siano ovvi. Ma è proprio quando una proprietà è talmente ovvia per una nozione intuitiva che non si saprebbe neanche cosa ci sia da dimostrare che le dimostrazioni sono utili per sezionare il concetto.

La dimostrazione di (i) è stata data con il Lemma 9. Ma merita riflettere su come si dimostrerebbe direttamente in base alla definizione di "finito" come non riflessivo. Dire che se A è finito e $B \subseteq A$ allora B è finito equivale a dire che se $B \subseteq A$ e B è infinito allora A è infinito[40]. Date le ipotesi, se f è una iniezione propria di B in sé, una iniezione propria g di A in sé si può definire ponendo

$$g(x) = \begin{cases} f(x) & \text{per } x \in B \\ x & \text{per } x \in A \setminus B. \end{cases} \quad \square$$

Dimostrazione di (ii) Una prima dimostrazione è facile se si usa il fatto che un insieme finito è in corrispondenza biunivoca con un numero naturale, ma è interessante che si debbano anche utilizzare la definizione e qualche proprietà della somma (così per (iii) quella di moltiplicazione, e per (v) e (vi) quella della potenza).

Dati A e B disgiunti, A in corrispondenza biunivoca $g\colon m \longrightarrow A$ con m, e B in corrispondenza biunivoca $h\colon n \longrightarrow B$ con n, si osserva che n si può porre in corrispondenza biunivoca $k\colon n \longrightarrow (m+n) \setminus m$ con $(m+n) \setminus m$. Pe far questo, che consiste semplicemente nel traslare il segmento dei numeri minori di n su quello da m a $m+n-1$, basta osservare che k è ovviamente definita da $k(i) = m+i$, per $i < n$. Quindi

$$f(i) = \begin{cases} g(i) & \text{se } i < m \\ h(k^{-1}(i)) & \text{se } m \leq i < m+n \end{cases}$$

stabilisce una biiezione tra $m+n$ e $A \cup B$.

Oppure, se si vuole guardare la direzione da $A \cup B$ a $m+n$, se $x \in A$ si applica $g^{-1}(x)$, se $x \in B$ si applica $k(h^{-1}(x))$.

Ma in questo modo si dà per nota l'operazione di somma. Invece si può anche procedere in modo da introdurre la somma simultaneamente alla dimostrazione.

Fissato A in corrispondenza biunivoca $g\colon m \longrightarrow A$ con m, si ragioni per induzione sulla cardinalità di un insieme B disgiunto da A in corrispondenza biunivoca $h\colon n \longrightarrow B$ con n. Assumiamo per ipotesi induttiva che $A \cup B$ sia in corrispondenza biunivoca con un cardinale finito $f(m,n)$. Allora se a B si aggiunge un elemento $c \notin A \cup B$ si avrà $A \cup (B \cup \{c\}) = (A \cup B) \cup \{c\}$ e questo sarà in corrispondenza biunivoca con $f(m,n)+1$, cioè $f(m,n+$

---

[40] Era la proprietà (iii) del Teorema 11, che il lettore avrà fatto per esercizio, ma di cui diamo ora la soluzione. La legge logica che stabilisce l'equivalenza delle due formulazioni è $(\varphi \wedge \psi \to \chi) \equiv (\varphi \wedge \neg\chi \to \neg\psi)$.

1) $= f(m,n) + 1$ che è l'equazione della definizione di somma. Ovviamente $f(m,0) = m$, per $B = \emptyset$.

Che $(A \cup B) \cup \{c\}$ sia in corrispondenza biunivoca con $f(m,n) + 1$ è vero ma non banale, dipende dal fatto che per il Corollario 2 un insieme può essere in corrispondenza biunivoca con un *solo* numero naturale.

In questo modo si è anche dimostrato che

Se A e B sono finiti e disgiunti, allora $|A \cup B| = |A| + |B|$.

Se A e B non sono disgiunti, si osserva che $A \cup B = A \cup (B \setminus A)$, e siccome $B \setminus A$ è finito, per (i), si è ricondotti al caso precedente. $\square$

Inoltre siccome $|B \setminus A| \le |B|$ si ha

Se A e B sono finiti, allora $|A \cup B| \le |A| + |B|$.

Controesempi all'uguaglianza nel caso che A e B non siano disgiunti sono banali, ma forse importanti per capire la nozione di insieme.

Una dimostrazione di (ii) che si svolge in base alla definizione di finito come non riflessivo potrebbe invece essere la seguente.

Per assurdo supponiamo che $A \cup B$, con A e B finiti e disgiunti[41], sia infinito, quindi esista una iniezione $f \colon \mathbb{N} \longrightarrow A \cup B$. Allora $\mathbb{N} = f^{-1}(A) \cup f^{-1}(B)$ sarebbe l'unione di due insiemi finiti.

Quest'ultima affermazione, che $f^{-1}(A)$ è finito se A è finito, deve essere dimostrata, ma se la diamo per ora per buona la conclusione segue dal seguente lemma.

Lemma 20 Se $X \subseteq \mathbb{N}$ è finito, il complemento $\mathbb{N} \setminus X$ è infinito[42].

Dimostrazione Se un insieme $Y \subseteq \mathbb{N}$ è illimitato in $\mathbb{N}$, cioè per ogni n esiste $m > n$ tale che $m \in Y$, allora Y è numerabile (lo abbiamo già visto) e infinito. Se X è finito dunque, deve essere limitato in $\mathbb{N}$, e quindi avere un massimo M. $\mathbb{N} \setminus M$ si vede facilmente che è infinito, numerabile, e $\mathbb{N} \setminus M \subseteq \mathbb{N} \setminus X$, per cui anche questo è infinito. $\square$

Che un insieme finito di numeri naturali abbia un massimo si dimostra anche per induzione con una dimostrazione che riportiamo perché vale non solo per l'ordine di $\mathbb{N}$ ma per ogni ordine totale e anche, sostituendo *sup* al massimo, anche per ordini parziali, ad esempio reticoli.

Lemma 21 Un insieme finito non vuoto di numeri naturali ha un massimo.

Dimostrazione del lemma Per induzione sul numero di elementi dell'insieme finito. Se ha un solo elemento questo è il suo massimo. Ammesso che la proprietà sia vera per insiemi con n elementi, se se ne aggiunge uno si danno due casi: o il nuovo è maggiore del massimo dell'insieme, e allora è il massimo del nuovo insieme; oppure è minore o uguale del massimo precedente, e allora questo è anche il massimo del nuovo insieme. $\square$

---

[41] Se non sono disgiunti, si può considerare A e $B \setminus A$.
[42] Soddisfiamo così una promessa lasciata in sospeso.

Se si vuole definire una esplicita corrispondenza biunivoca tra $\mathbb{N}$ e $\mathbb{N} \setminus X$, X finito, con m elementi, si può procedere in questo modo. Sia M il massimo di X. Tra i numeri minori di M ce ne sono $M - m + 1$ che non stanno in X. Definiamo allora una biiezione $f \colon \mathbb{N} \longrightarrow \mathbb{N} \setminus X$ mandando $M - m + 1$ (ovvero l'insieme dei numeri minori di $M - m + 1$) su questi elementi minori di M che non stanno in X, e quindi

$$\begin{cases} f(M - m + 1) = M + 1 \\ f(i + 1) \qquad = f(i) + 1 \end{cases}$$

per $i \geq M - m + 1$. $\square$

Un disegno può aiutare a seguire la definizione della funzione f data nel corso della dimostrazione.

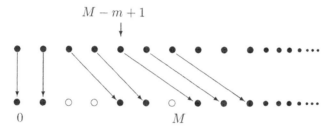

Per quanto riguarda infine il fatto che $f^{-1}(A)$ è finito se A è finito, dove finito vuol dire non riflessivo, basta osservare che se esistesse una $h \colon f^{-1}(A) \longrightarrow f^{-1}(A)$ iniettiva non suriettiva, allora $f \circ h \circ f^{-1}$ sarebbe una iniezione propria di A in sé.

Dimostrazione di (iii) Dati A in corrispondenza biunivoca con m e B in corrispondenza biunivoca con n, si ha

$$A \times B = \bigcup_{a \in A} \{\langle a, b \rangle \colon b \in B\}.$$

Questa uguaglianza si può anche dimostrare, per induzione su m, per verificare la propria capacità di fare dimostrazioni per induzione anche quando le complicazioni della stessa sembrano esagerate rispetto alla semplicità del risultato da dimostrare; si controlla così d'altra parte la correttezza della propria intuizione, che renderebbe inutile la dimostrazione – basta infatti il disegno in cui si considera l'insieme delle colonne:

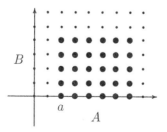

Siccome ogni $\{\langle a, b \rangle \colon b \in B\}$ ha tanti elementi quanti B, e gli insiemi sono a due a due disgiunti, per (ii) basta traslare m volte n per arrivare a un numero in corrispondenza biunivoca con $A \times B$.

Ma per indicare tale numero, associato a $A \times B$, si deve usare la somma generalizzata

$$\begin{cases} \sum_0^0 n = n \\ \sum_0^m n = (\sum_0^{m-1} n) + n \end{cases}$$

con tutti gli addendi uguali.

Si procede per induzione su m[43]. Ammesso che, per B fissato di cardinalità n e per ogni insieme X di cardinalità $m - 1$ si abbia $X \times B \sim \sum_0^{m-1} n$, per A ottenuto aggiungendo un elemento si applica (ii), la scomposizione del prodotto in una unione e l'equazione per $\sum_0^m n$, e si ha che $A \times B \sim \sum_0^m n$. $\square$

Il tutto è più chiaro se si introduce la moltiplicazione, e di fatto si dimostra che

Se A e B sono finiti, allora $|A \times B| = |A| \cdot |B|$.

La sommatoria di addendi uguali tra loro è la moltiplicazione; lo studio della cardinalità di $A \times B$ fa proprio ritrovare la definizione di moltiplicazione: indichiamo con $f(m, n)$ la funzione che sarà poi indicata con $m \cdot n$ quando sarà riconosciuta essere la moltiplicazione.

Base: se $|B| = 1$, allora $A \times B \sim A$, quindi

$$f(m, 1) = m$$

Passo induttivo: se $f(m, n) = |A \times B|$ e a B aggiungiamo un elemento $c \notin B$, allora

$$A \times (B \cup \{c\}) = (A \times B) \cup (A \times \{c\})$$

e i due insiemi di destra sono disgiunti, e $A \times \{c\} \sim A$; quindi per la proprietà dell'unione e per ipotesi induttiva

$$f(m, n + 1) = f(m, n) + m.$$

Nelle due equazioni per f si riconosce la definizione della moltiplicazione. $\square$

Si è anche ottenuta come *bonus* la dimostrazione che la moltiplicazione è uguale alla somma generalizzata con addendi uguali.

La generalizzazione del prodotto a un numero finito di fattori è il *principio moltiplicativo*, o delle scelte, di grande importanza in combinatoria e probabilità:

---

[43] Possiamo supporre che A non sia vuoto, altrimenti $A \times B$ è vuoto. Se la base è 1, si dimostra facilmente.

Principio moltiplicativo Se l'esito di un esperimento dipende da k scelte, e per ogni $i < k$ ci sono r_i opzioni, il numero totale di possibili esiti è $\prod_{i=0}^{k-1} r_i$.

Una applicazione è rappresentata dal calcolo del numero di funzioni iniettive da (un insieme di cardinalità) m in (un insieme di cardinalità) $n \geq m$: per costruire una tale funzione f, $f(0)$ si può scegliere in n modi, $f(1)$ in $n-1$ modi, ..., da cui la nota formula sulle disposizioni.

In alternativa, con un ragionamento induttivo, se si indica con $f(m, n)$ il numero di funzioni iniettive di m in n, quando si passa a $m + 1 \leq n$ si osserva che ognuna della funzioni iniettive di m in n dà origine a $m - n$ funzioni iniettive di $m + 1$ in n aggiungendo ad essa la coppia che fa corrispondere m a uno qualsiasi degli $n - m$ elementi non appartenenti all'immagine della funzione data, quindi

$$f(m + 1, n) = f(m, n) \cdot (n - m).$$

Per dimostrare (v) analogamente si usa o si scopre $|{}^A B| = |B|^{|A|}$ e la definizione della operazione della potenza.

Dalle dimostrazioni accennate si vede come le operazioni aritmetiche sono intrinsecamente legate alle operazioni sugli insiemi finiti. Nello stesso tempo per dimostrare che le operazioni insiemistiche trasformano insiemi finiti in insiemi finiti si usano proprietà delle operazioni aritmetiche definite per ricorsione. Non si può dire che un concetto preceda l'altro, che vengano prima gli insiemi finiti o i numeri, si devono costruire all'unisono.

Osserviamo infine che ciascun numero naturale m, come insieme, è bene ordinato, dallo stesso ordine di $\mathbb{N}$ ristretto a m. Quindi si possono definire anche funzioni di dominio m per induzione.

Ad esempio la dimostrazione del Lemma 9 si sarebbe potuta svolgere nel seguente modo, senza scomodare $\mathbb{N}$: dato $X \subseteq m$, si definisce una funzione $h \colon m \longrightarrow X$ ponendo

$$\begin{cases} h(0) & = \text{il minimo di } X \\ h(i + 1) = \begin{cases} \text{il primo elemento di } X > h(i) & \text{se esiste} \\ h(i) & \text{altrimenti} \end{cases} \end{cases}$$

per $i < m - 1$.

Se h risulta iniettiva, allora è una biiezione, e $X = m$. Altrimenti, se i è il primo elemento tale che $h(i + 1) = h(i)$ allora $h \restriction (i + 1)$ è iniettiva e la sua immagine è X, che risulta quindi di cardinalità $i + 1$. $\square$

4.5.2 Relazioni

L'argomento delle relazioni tra o in insiemi finiti è un capitolo molto ricco della combinatoria. Include ad esempio la trattazione dei grafi, ma ci porterebbe troppo lontano. Ci limitiamo a ricordare un esempio di una interessante relazione tra numeri naturali, quella della divisibilità.

Definiamo

$$x \preceq y \leftrightarrow x \mid y$$

per $x \neq 0$, cioè se x è un divisore di y.

La relazione $\preceq$ è un ordine parziale: $x \preceq x$, e se $x \preceq y$ e $y \preceq z$ allora $x \preceq z$; se $x \preceq y$ e $y \preceq x$ allora $x = y$.

Ha un massimo, dato da 0, perché ogni numero divide 0 in quanto moltiplicato per 0 dà 0. Ha un minimo, dato da 1, perché 1 divide ogni numero.

La relazione è strettamente collegata a quella della inclusione $\subseteq$ tra i sottoinsiemi di un insieme dato.

Ad esempio si verifichi che l'insieme $\{x: x \preceq 30\}$ ordinato da $\preceq$ è isomorfo all'insieme dei sottoinsiemi di un insieme a tre elementi $\{a, b, c\}$ ordinato per inclusione.

Si consideri l'insieme S di tutte le successioni infinite di numeri naturali che sono quasi nulle, cioè tali che solo un numero finito di loro termini sono diversi da 0 (ovvero che da un certo punto in poi sono costanti uguali a 0). In alternativa, S è l'insieme delle successioni finite di numeri naturali, di lunghezza arbitraria. Si ponga su S l'ordine parziale

$$\{a_0, a_1, a_2, \ldots\} \sqsubseteq \{b_0, b_1, b_2, \ldots\} \text{ se e solo se } a_i \leq b_i \text{ per ogni } i \in \mathbb{N}.$$

Risulta che $\langle S, \sqsubseteq \rangle$ è isomorfo a $\langle \mathbb{N}, \preceq \rangle$.

Ricordiamo che un isomorfismo è una biiezione $f: S \longrightarrow \mathbb{N}$ tale che per ogni x e y si ha $x \sqsubseteq y$ se e solo se $f(x) \preceq f(y)$ cioè $f(x) \mid f(y)$.

Suggerimento: a ogni $\{a_0, a_1, a_2, \ldots\}$, se $a_i = 0$ per $i > r$ si faccia corrispondere il numero $p_0^{a_0} \cdot p_1^{a_1} \cdot \ldots \cdot p_r^{a_r}$. Ogni numero, se la sua scomposizione in fattori primi è $p_0^{a_0} \cdot p_1^{a_1} \cdot \ldots \cdot p_r^{a_r}$, con eventualmente $a_i = 0$ se p_i non è un suo divisore per $i \leq r$, è immagine di un tale elemento di S.

4.6 Definizioni di "finito"

La definizione di "finito" di Dedekind si può riformulare dicendo che un insieme è finito se nessuno dei suoi sottoinsiemi propri ha la sua cardinalità. Tuttavia quella originaria era in termini di iniezioni, o per la fedeltà storica – che non stiamo a rispettare – in termini di catene, o particolari tipi di ordine. Esistono diverse caratterizzazioni di "finito", a seconda di quali concetti primitivi si vogliono usare, e si possono usare tutti: numeri, ordini, iniezioni.

Ad esempio, in termini di ordine:

Definizione[44] Un insieme X è finito se e solo se è possibile ordinarlo con una relazione $\prec$ in modo che sia l'ordine $\prec$ sia l'ordine inverso[45] $\succ$ siano buoni ordini.

---

[44] La definizione è dovuta a P. Stäckel (1862–1919), nel 1907.

[45] Con relazione inversa di una relazione R si intende $\{\langle y, x \rangle: \langle x, y \rangle \in R\}$.

La definizione è equivalente alla nostra[46]. Supponiamo che $\langle X, \prec \rangle$ sia un insieme totalmente ordinato, e ogni sottoinsieme di X abbia un minimo, e un massimo. Definiamo una funzione di $\mathbb{N}$ in X, supponendo X non vuoto, ponendo

$$\begin{cases} f(0) & = il \prec -minimo \ di \ X \\ f(n+1) = \begin{cases} il \prec -minimo \ di \ X \setminus \{f(0), \ldots, f(n)\} & \text{se esiste} \\ f(n) & \text{altrimenti} \end{cases} \end{cases}$$

Se f fosse iniettiva, la sua immagine in X non avrebbe un massimo; quindi esiste un primo n tale che $f(n) = f(n+1)$, e X è in biiezione con $n+1$ per mezzo della restrizione di f a $n+1$.

Viceversa abbiamo visto che ogni insieme finito di numeri ha un massimo. $\square$

Un'altra definizione che originariamente[47] era in termini di ordini, ma si formula meglio in termini di funzioni, è la seguente.

Diciamo che f è un ciclo di A se f è una iniezione di A in sé, ma per ogni $B \subsetneq A$ f non manda B in un suo sottoinsieme, cioè $f''B \not\subseteq B$.

Si ha allora la seguente possibile

Definizione Un insieme A è finito se e solo se A ammette un ciclo.

Se A è finito nel senso di equivalente a un $\mathbb{N}_m$, f definita da $f(i) = i+1$ per $i < m-1$ e $f(m-1) = 0$ soddisfa la definizione di ciclo.

Se A è infinito, si può mostrare che per ogni iniezione $f \colon A \longrightarrow A$ esiste $B \subsetneq A$ con $f''B \subseteq B$, cioè A non ha cicli. Se esiste $a \notin \mathrm{im}(f)$ si può considerare $A \setminus \{a\}$. Altrimenti per ogni a l'insieme $\{a, f(a), f(f(a)), \ldots\}$ soddisfa la richiesta per B. $\square$

La definizione più interessante, perché non si basa né sulla nozione di ordine né su quella di cardinalità, ma si esprime solo mediante famiglie di insiemi, ed è quindi quella più genuinamente insiemistica, è dovuta a Tarski[48]; essa inoltre permette di dimostrare tutte le proprietà degli insiemi finiti, e molte equivalenze con altre definizioni, senza usare l'assioma di scelta.

Definizione (Tarski) Un insieme X è finito se e solo se ogni famiglia non vuota di sottoinsiemi di X ha un elemento minimale, dove "minimale" si intende rispetto all'inclusione propria $\subset$ tra insiemi, vale a dire è un elemento della famiglia tale che nessun altro è propriamente incluso in esso.

La definizione è poco intuitiva, ma equivalente a quella di Dedekind.

Un insieme come $\mathbb{N}$, o che contenga $\mathbb{N}$, non soddisfa la definizione, in quanto si può considerare la famiglia $\{\mathbb{N} \setminus n \colon n \in \mathbb{N}\}$, che non ha un elemento minimale. Quindi se X è finito nel senso di Tarski allora non è infinito, quindi è finito nel senso di Dedekind.

---

[46] In questo e nei casi successivi ci limitiamo a una traccia.
[47] Dovuta a Ernst Schröder (1841–1902).
[48] A. Tarski, "Sur les ensembles finis", cit.

Se X non è finito nel senso di Tarski, allora esiste una famiglia $\mathcal{F}$ di sottoinsiemi di X che non ha un elemento $\subset$-minimale. Per ogni $Y \in \mathcal{F}$ esiste uno $Z \in \mathcal{F}$ tale che $Z \subset Y$ ed esiste quindi $z \in Y \setminus Z$. Si può dunque definire, usando l'assioma di scelta[49], una iniezione di $\mathbb{N}$ in X, e X è infinito secondo Dedekind. $\square$

Le proprietà che se un insieme è finito ogni suo sottoinsieme lo è, che se due insiemi sono finiti anche la loro unione, intersezione e prodotto lo sono si dimostrano direttamente in base alla definizione di Tarski. Per altre, come il fatto che la potenza di un insieme finito è finita, si usa il principio di induzione, che viene ad avere la seguente interessante formulazione:

Principio di induzione Se X è un insieme finito, X appartiene a ogni famiglia di insiemi $\mathcal{F}$ che soddisfa le due condizioni:

(i) $\emptyset \in \mathcal{F}$,
(ii) se $A \in \mathcal{F}$ e $a \in X$ allora $A \cup \{a\} \in \mathcal{F}$.

Poiché è vero anche il viceversa, si ha la ulteriore equivalenza[50]

Teorema 22 Un insieme X è finito se e solo se X appartiene a ogni famiglia $\mathcal{F}$ che soddisfa le condizioni (i) e (ii).

Una curiosità, se si vuole, è che la definizione di Tarski è equivalente, senza assioma di scelta, alla definizione trovata da Russell e Whitehead, che un insieme X è finito se e solo se non esiste un sottoinsieme proprio di $\mathscr{P}(\mathscr{P}(X))$ equipotente a $\mathscr{P}(\mathscr{P}(X))$[51].

Un'altra definizione di "finito", che richiede l'assioma di scelta per la dimostrazione di equivalenza, è la condizione che X non sia l'unione di due insiemi disgiunti aventi entrambi la stessa cardinalità di X.

4.7 Numeri infinitamente grandi

Chiudiamo con un argomento che potrebbe fare molto per chiarire le idee sui concetti di finito e infinito, se fosse affrontato con la dovuta cura, ma che purtroppo nel curriculum universitario è del tutto trascurato essendo stato degradato a curiosità aneddottica in qualche nota a piè di pagina, forse

---

[49] L'equivalenza con la definizione usuale di finito come equipotente a un naturale si può dimostrare senza usare l'assioma di scelta. Non diamo la dimostrazione perché richiede molti passaggi intermedi.

[50] Sfruttata con alcune varianti come definizione di "finito" da W. Sierpiński (1882–1969) e da Kuratowski.

[51] Ovvero $\mathscr{P}(\mathscr{P}(X))$ è finito nel senso della cardinalità alla Dedekind. Si può anche dimostrare che X è finito nel senso di Tarski se e solo se $\mathscr{P}(X)$ è finito nel senso della cardinalità, ma questa dimostrazione stranamente richiede l'assioma di scelta.

in margine alla definizione di limite. Esso invece è un filo tormentato che percorre gran parte della storia della matematica, fastidioso al punto che alla fine è stato tagliato.

Ci riferiamo all'idea dei numeri infinitamente grandi. Non i numeri transfiniti della moderna teoria degli insiemi, ma i numeri naturali infiniti – con il corollario degli infinitesimi. Di questi numeri era maestro Eulero e grazie ad essi egli ha ottenuto alcuni dei suoi risultati più brillanti e sorprendenti sulle serie, con dimostrazioni che non erano dimostrazioni, né rispetto agli standard posteriori di Cauchy e Weierstrass né rispetto a quelli del suo tempo[52].

L'ingenuità (*ingenuity*[53]) del grande matematico si incontra con l'ingenuità del bambino: un numero infinito per un bambino è un numero tale che non si può contare fino ad esso, come un insieme infinito è un insieme tale che non si finisce mai di contare i suoi elementi.

Un numero infinito è un numero a cui non si arriva mai contando; da sempre, da Archimede (287–212 a. C.) in poi, sono stati inventati sistemi di rappresentazione che permettano di ottenere descrizioni compatte, maneggevoli, di numeri sempre più grandi. Ma ne sfuggono sempre. Un numero infinito è un numero assolutamente irraggiungibile dal basso; l'idea è perfettamente realizzata nella teoria dell'infinito con i cardinali infiniti regolari, ma per un bambino possono esserci numeri interi che sono così trascendenti.

La domanda è se sia possibile *concepire* un numero non raggiungibile dal basso, e che naturalmente sia un vero numero, con tutte e sole le proprietà dei numeri naturali (quindi non un ordinale). Eulero era in grado di concepirli, visto che ci lavorava sopra in modo così proficuo.

Per tentare una risposta – senza presumere di entrare nella mente di Eulero – bisogna sapere qualcosa sulle capacità umane di concepire enti astratti. Un aspetto o manifestazione di tale capacità è stata codificata in un risultato di quella "scienza di incontestabile interesse", come dice Bourbaki[54], che si dedica alla "conoscenza del meccanismo dei ragionamenti matematici".

Tale scienza è la metamatematica, in senso lato, e il risultato a cui ci riferiamo ne è un teorema, quindi saldo e ben fondato: di quale teoria precisamente è un teorema? di una teoria così comprensiva che sia in grado di trattare matematicamente tutti i concetti che intervengono nel suo enunciato, che non può essere che la teoria degli insiemi.

Il teorema riguarda insiemi qualunque di assiomi, o di assunzioni, sui quali si faccia la sola ipotesi che siano deduttivamente non contraddittori. Un insieme di assiomi è non contraddittorio se non esiste a partire da esso una dimostrazione rigorosa, che è svolta secondo le regole logiche codificate, che termini in una contraddizione.

---

[52] Si veda G. Lolli, "Eulero e le sue non-dimostrazioni", nella rubrica "Se viceversa" in http://www2.polito.it/didattica/polymath/.

[53] Veramente vorrebbe dire "ingegnosità", ma l'omofonia è utilmente allusiva.

[54] N. Bourbaki, *Elementi di storia della matematica*, Feltrinelli, Milano, 1963, p. 56.

Il teorema di completezza per la logica del primo ordine[55] (Gödel, 1930) afferma che se un insieme di assiomi è non contraddittorio, allora esiste una struttura nella quale gli assiomi sono verificati.

Una formulazione più suggestiva è la seguente: basta che siano verificate le condizioni combinatorie della non esistenza di una dimostrazione di una contraddizione, a partire dalle determinazioni di un concetto, perché siamo in grado di concepire e immaginare una realizzazione concreta del concetto stesso. La teoria degli insiemi in questo caso, con la definizione delle strutture, svolge il ruolo di espressione dell'intuizione spaziale.

Grazie a questo teorema è possibile dimostrare l'esistenza di quelli che si chiamano modelli non standard dell'aritmetica, e anche di teorie più ampie, insieme a tecniche adeguate per la trattazione dell'analisi, degli spazi topologici e in generale di ogni teoria matematica. La teoria dell'analisi non standard è dovuta ad Abraham Robinson (1918–1974), a partire dal 1963.

Si fissa il linguaggio nel quale scrivere gli assiomi, che potrebbero essere quelli di PA, visti in 4.2.1, o un qualunque insieme più ampio di assunzioni vere in $\mathbb{N}$, chiamiamolo T. $\mathbb{N}$ supponiamo che sia dato, è la struttura sulla quale ci si basa per costruire il linguaggio stesso. Ad esempio per ogni $n \in \mathbb{N}$ esiste un termine $\underline{n}$ del linguaggio, un numerale, che rappresenta n:

$$\underline{n} \quad \text{di solito è} \quad \underbrace{s(s(\ldots s(\,0)\ldots))}_{n \text{ volte}}.$$

Si aggiunga a T la seguente lista infinita di nuovi assiomi, scritti utilizzando un nuovo simbolo di costante individuale c, che *non* compare in T:

$$c \neq \underline{n}, \quad \text{per ogni } n \in T,$$

e sia T^* il nuovo insieme di assiomi. T^* è non contraddittorio. Supponiamo infatti che esista una dimostrazione a partire da T^* che porti a una contraddizione. Nella derivazione, per definizione, essendo essa finita, non possono comparire che un numero finito dei nuovi assiomi riguardanti c. Quindi esiste un massimo m tale che se $c \neq \underline{i}$ compare nella dimostrazione allora $i \leq m$, e di c tutte le altre assunzioni, prese da T, non dicono null'altro.

Allora se si sostituisce ovunque nella dimostrazione c con $\underline{m+1}$, gli enunciati $c \neq \underline{i}$ diventano $\underline{m+1} \neq \underline{i}$, la dimostrazione resta corretta, e diventa una dimostrazione a partire da T, perché le assunzioni $\underline{m+1} \neq \underline{i}$ sono ora teoremi di T[56]. Ma T non è contraddittorio per ipotesi, perché ha il modello $\mathbb{N}$. $\square$

Allora esiste una struttura $^*\mathbb{N} \supset \mathbb{N}$ tale che in essa sono veri tutti gli enunciati di T. In particolare possono essere veri in $^*\mathbb{N}$ tutti gli enunciati veri in $\mathbb{N}$,

---

[55] Ricordiamo che significa che i quantificatori variano soltanto sugli elementi, e non sui sottoinsiemi delle strutture.

[56] Il ragionamento si può organizzare in modo meno apparentemente approssimativo, per induzione sulla lunghezza delle derivazioni, con pieno rispetto dei criteri di una dimostrazione.

se erano in T. $^*\mathbb{N}$ è un modello dell'aritmetica, e i suoi elementi si possono chiamare numeri.

$^*\mathbb{N}$ contiene un elemento sul quale è interpretato c, che continuiamo a denotare c per comodità. Che numero è, e come si colloca rispetto a $0, 1, \ldots, n, \ldots$, ai numeri che si chiamano standard, o finiti?

Il numero c ha tutte le proprietà che valgono per tutti i numeri, e siccome ogni modello è totalmente ordinato, di conseguenza c non è solo diverso ma viene proprio *dopo* i numeri finiti.

ma non basta: c ha un successore ed essendo diverso da 0 anche un predecessore, che non è 0 perché c non è 1, e non è finito perché altrimenti anche c sarebbe finito, e così via; quindi c deve appartenere a un blocco di numeri tutti infiniti che ha il tipo d'ordine degli interi $\mathbb{Z}$:

Non basta ancora. A destra di c ci sono tutti i numeri del tipo $c+n$, ottenuti iterando il successore, ma dove è $c + c = 2c$? La sua collocazione, insieme a tutti i $2c + n$ e $2c - n$ è a destra di tutti i $c + n$:

Analogamente $c/2$ (se c è pari, altrimenti $(c+1)/2$, se c è dispari[57]) non può essere tale che $c/2 + n = c$, quindi esiste un altro blocco di numeri infiniti di tipo $\mathbb{Z}$ a destra degli standard e a sinistra di quello che contiene c.

Si capisce che la struttura di $^*\mathbb{N}$ è molto complicata, perché il discorso fatto per la somma si ripete per il prodotto (dove è $c \cdot c$?) e ogni altra funzione definibile. La parte non standard alla fine è descrivibile in questo modo: si prenda un insieme ordinato denso[58] senza primo né ultimo elemento, come l'insieme dei razionali o quello dei reali, e si rimpiazzi ogni elemento con un blocco che è una copia di $\mathbb{Z}$.

Ma non ci si deve preoccupare tuttavia della complicazione della struttura, che è difficile da analizzare ma facile da gestire logicamente.

---

[57] c è pari o dispari, perché che ogni numero sia pari o dispari è un teorema di PA, quindi vero in $^*\mathbb{N}$.

[58] Si pensi a dove deve stare $3c/2$ (se c è pari, altrimenti $3(c+1)/2$).

In ogni $^*\mathbb{N}$ valgono infatti tutti i teoremi di PA, o addirittura tutti gli enunciati veri in $\mathbb{N}$. Possiamo assumere che

Principio di transfer $\mathbb{N}$ e $^*\mathbb{N}$ soddisfino esattamente gli stessi enunciati del linguaggio di T.

Inoltre valgono altri principi che regolano i rapporti tra parte standard e parte non standard.

Uno dei più importanti, noto con il nomignolo di *overflow*, è

Principio di trabocco Se $\forall n \exists m > nA(m)$, allora esiste un numero infinito[59] ω tale che $A(\omega)$.

La giustificazione del principio è la seguente. In un qualunque $^*\mathbb{N}$ molti sono gli insiemi definibili, con formule del linguaggio del primo ordine fissato, ma tra questi non c'è $\mathbb{N} \subset^* \mathbb{N}$. Infatti altrimenti sarebbe anche definibile il complemento $^*\mathbb{N} \setminus \mathbb{N}$. A questo si potrebbe applicare il principio del minimo, e dovrebbe avere un primo elemento, che non ha[60].

Se ora valesse $\forall n \exists m > nA(m)$, ma non $A(\omega)$ per nessun ω infinito, allora $\mathbb{N}$ potrebbe essere definito entro $^*\mathbb{N}$ come $\{x \mid \exists y > xA(y)\}$. $\square$

I modelli non standard dell'aritmetica sono solo un primo passo, o lo scheletro, di ampliamenti di strutture che contengono i reali, i complessi, le funzioni di variabile reale o complessa, i funzionali e così via secondo necessità. Gli ampliamenti $^*\mathbb{R}$ dei reali che non sono solo campi non archimedei, ma soddisfano i principi di transfer e di trabocco sono chiamati *iperreali*[61]. Gli inversi degli numeri infiniti sono gli infinitesimi e la struttura degli infinitesimi è specularmente altrettanto complicata di quella degli infiniti. Ma di nuovo, non c'è bisogno di penetrare la struttura, basta la logica. Per traslazione, intorno a ogni reale standard $a \in \mathbb{R}$ esiste una nuvola di elementi infinitamente vicino ad a, la monade[62] di a.

Nel contesto degli iperreali si danno caratterizzazioni di nozioni classiche, come quella di limite, in termini di infiniti e infinitesimi. Ad esempio:

Teorema 23 Una successione di reali standard $\{a_n\}_{n \in \mathbb{N}}$ tende al limite standard l per $n \to \infty$ se e solo se a_ω è infinitamente vicino a l per ogni ω infinito.

---

[59] Si usa ω per indicare un generico numero infinito, un elemento di $^*\mathbb{N} \setminus \mathbb{N}$, da non confondere con il primo ordinale limite.

[60] La non definibilità di questo, come di altri insiemi, o il loro essere come si dice "esterni" alla struttura, spiega come si eviti la contraddizione con l'induzione o il principio del minimo.

[61] Si veda H. J. Keisler, *Elementary Calculus*, Prindle, Weber and Schmidt, Boston, 1976, trad. it. *Elementi di Analisi Matematica*, Piccin Editore, Padova, 1982.

[62] La parola è un omaggio a Gottfried W. Leibniz (1646–1716), di cui transfer e trabocco sembrano formalizzare il principio di continuità che egli usava per giustificare l'uso degli infinitesimi.

Ogni successione o funzione definita esplicitamente ha una estensione automatica a $^*\mathbb{N}$ o $^*\mathbb{R}$ che per $n \in \mathbb{N}$ o $x \in \mathbb{R}$ ha lo stesso valore di quella data[63].

Allora ad esempio per dimostrare il risultato standard

$$\sum_1^\infty \frac{1}{k(k+1)} = 1$$

si può calcolare nel seguente modo: per ω infinito

$$\sum_1^\omega \frac{1}{k(k+1)} = \sum_1^\omega \frac{1}{k} - \sum_1^\omega \frac{1}{k+1} = 1 + \left(\sum_2^\omega \frac{1}{k}\right) - \left(\sum_2^\omega \frac{1}{k}\right) - \frac{1}{\omega+1} \approx 1$$

dove $\approx$ significa che la differenza è infinitesima.

Con le tecniche dell'analisi non standard molte delle dimostrazioni contestate di Eulero assumono una completa razionalità.

Il concetto di infinitesimo, croce e delizia di Archimede, Cavalieri[64], Eulero, è *vindicatus ab omni naevo*: non è un abbozzo primitivo del limite con $\epsilon - \delta$, ma una nozione coerente, anche se ha richiesto millenni per diventare tale.

La morale generale, che vale per tutto l'insegnamento della matematica, è che procedimenti o intuizioni fuori dal coro, che appaiono efficaci, ancorché magari ingiustificate, non devono essere soffocate e proibite in nome dell'ortodossia: bisogna su di esse lavorare di logica, con pazienza; è possibile che si riesca a plasmarle, integrarle nella conoscenza consolidata e farle entrare nella dotazione intellettuale, dell'umanità o del singolo.

---

[63] Ad esempio dietro alla successione $\{\frac{1}{n(n+1)}\}_{n\in\mathbb{N}}$ sta il fatto che $\forall n \in \mathbb{N} \exists x (x = \frac{1}{n(n+1)})$ e questo per il transfer è vero in $^*\mathbb{R}$.

[64] Bonaventura Cavalieri, 1598–1647.

Indice dei nomi

Indice degli argomenti

Finito di stampare nel mese di Febbraio 2008

Printed in the United States
By Bookmasters